HONGOS PODEROSOS

Elaboración de cubierta
Celia Antón Santos

Traducción
Elisa Rodríguez Pérez

Responsable editorial
Eva Margarita García

DISCLAIMER: El contenido de este libro es el resultado de la investigación y los estudios llevados a cabo por su autor. Es crucial consultar con un experto antes de cultivar, usar, o consumir hongos. La editorial descarga la responsabilidad en el consumo de los hongos presentados en este libro.

Título original: *Funghi. Proprietà e segreti. Antologia essenziale illustrata*
VividaTM is a registered trademark property of White Star s.r.l.
www.vividabooks.it
Copyright © 2024 White Star s.r.l.
Copyright ilustraciones páginas 155-157: © Shutterstock y otros sitios web

© EDICIONES OBERON (G. A.), 2025
Valentín Beato, 21. 28037 Madrid
Depósito legal: M. 25 373-2024
ISBN:978-84-415-5167-1
Printed in China

FEDERICO
DI VITA

HONGOS
PODEROSOS

ANTOLOGÍA
ILUSTRADA

Ilustraciones de
FLORENCIA DÍAZ

OBERON

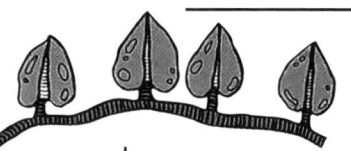

ÍNDICE

61

SETAS VENENOSAS

83

SETAS MEDICINALES

107

MICORRIZACIÓN

131

HONGOS EXTRAÑOS (O QUE HACEN COSAS INCREÍBLES)

HONGOS PODEROSOS

a vida biológica en la Tierra se divide en tres grandes categorías, a las que generalmente nos referimos de manera conjunta y en las que los organismos vivos, atendiendo a la taxonomía biológica, se clasifican como «reinos»: el reino animal, el reino vegetal y el reino fungi. Este último, el reino de los hongos, es sin embargo el gran desconocido. A los hongos no se les da importancia ni se los valora lo suficiente y solo recientemente hemos empezado a descubrir que casi todo en el planeta depende de ellos. De verdad que es difícil comprender hasta qué punto esto es cierto. ¿Sabías que los hongos sacaron a las plantas de los océanos hace quinientos millones de años, y que funcionaron como sus raíces durante decenas de millones de años? ¿O que, al producir anualmente cincuenta megatoneladas de esporas, pueden influir en el clima provocando la formación de gotas de lluvia? ¿O que el aspecto del planeta depende de la interminable red de hifas que lo mantienen unido y sin la cual el suelo sería arrasado por los agentes atmosféricos? Incluso ahora, cuando un fragmento de tierra emerge de las olas tras una erupción volcánica, los líquenes —organismos simbióticos compuestos de hongos y algas— son los primeros seres que se asientan en él, creando el suelo sobre el que más tarde proliferan las plantas. Y son los micelios —es decir, el densísimo tejido de filamentos que componen el verdadero cuerpo del hongo— los que tejen redes inteligentes capaces de comunicar entre sí a todos los árboles de los bosques mediante el intercambio de información y nutrientes. Esto es lo que se denomina la «Wood Wide Web», la internet del bosque a la que están conectadas más del 90 % de las plantas del mundo. A través de la infinita red micelial, las plantas y los hongos se intercambian agua y nutrientes. De hecho, aún no se ha descubierto una planta que no tenga alguna relación de interdependencia con los hongos; y esto mismo ocurre con los animales y, naturalmente, con nosotros.

Los hongos sobreviven en nuestro intestino y también en el espacio, los hay microscópicos y los hay enormes: el mayor organismo vivo del planeta se encuentra en Oregón y es un *Armillaria ostoyae* que ocupa 890 hectáreas, el tamaño de más de mil campos de fútbol. Hacen cosas increíbles: el *Cladosporium sphaerospermum* prospera entre los reactores de Chernóbil, nutriéndose de la radiación; otros comen petróleo, rocas, plástico o incluso TNT. A los hongos les debemos más de lo que imaginamos: algunos nos proporcionan alimento, y no me refiero solo a la exquisitez de algunos codiciados cuerpos fructíferos —que erróneamente llamamos *hongos* aunque en realidad no son más que el fruto del micelio—, sino a sus habilidades como alquimistas. De hecho, forman parte de su reino las levaduras, capaces de fermentar el alcohol y el pan. Ya en la Antigüedad se utilizaban diversos mohos para curar heridas, tanto en el Antiguo Egipto como entre los indígenas australianos, así como en Oriente Medio. En el Talmud, uno de los textos fundamentales del judaísmo, se menciona la *chamka*, un remedio a base de moho de maíz y vino de dátiles. Si estas curas funcionaban es debido a las propiedades bactericidas de ciertos mohos, y precisamente a partir de uno de ellos, el *Penicillium*, Alexander Fleming, bacteriólogo y farmacólogo escocés, descubrió en 1928 la penicilina, el primer antibiótico moderno y uno de los medicamentos más importantes de todos los tiempos.

Por si fuera poco, si nos adentramos en el mundo de lo intangible, los hongos han dado vida a una gran parte de nuestro imaginario: en concreto, a la raíz espiritual —mejor dicho, al micelio— de la que han bebido su savia culturas enteras. Según una teoría del etnobotánico y filósofo Terence McKenna, el desarrollo del lenguaje y el de la cultura pudieron verse acelerados por el uso de hongos del género *Psilocybe* por parte de nuestros antepasados prehistóricos. McKenna sugería que la ingestión de hongos que contienen psilocibina —el principio activo de las *setas mágicas*— podría haber aumentado la percepción visual, favorecido el pensamiento abstracto y mejorado la cohesión social, contribuyendo así al rápido desarrollo de las capacidades cognitivas humanas. Su intuición parece menos aventurada desde que los investigadores del Imperial College de Londres observaron que también las experiencias psicodélicas pueden desbloquear —y de qué manera— el acceso a los estados superiores del pensamiento abstracto, el lugar de excelencia de los progresos cognitivos. Hoy en día sabemos que el potencial terapéutico de la psilocibina es extraordinario para el tratamiento de un gran número de trastornos psicológicos y de otros tipos. Según *ClinicalTrials.gov*, la mayor base de datos del mundo sobre ensayos clínicos, en la actualidad hay 129 investigaciones en curso sobre la psilocibina que estudian el potencial de esta molécula en el tratamiento de trastornos que van desde la depresión mayor hasta el miedo a la muerte en los enfermos terminales, pasando por el trastorno de estrés postraumático, el abuso del alcohol, el tabaco u otras sustancias, el tratamiento de la enfermedad de Parkinson, el trastorno bipolar, el trastorno obsesivo-compulsivo, la enfermedad de Lyme, la anorexia, la migraña en racimos e incluso la fibromialgia. En la amplia gama de tratamientos antidepresivos, el potencial de las moléculas psicodélicas está a punto de convertirse en revolucionario.

Se calcula que en el mundo hay tres millones de especies de hongos y nosotros apenas conocemos el 6 % de ellas.

El libro que tienes en tus manos es un pequeño portal de acceso a este universo. Te aseguro que no ha sido sencillo elegir 60 para explorar la variedad de sus formas, sus usos y sus infinitos potenciales.

SETAS
EXQUISITAS

Este libro atestigua que las setas saben hacer
muchas cosas, pero la primera cosa de la que
nos dimos cuenta no es algo que hacen, sino
que son: deliciosas. Claro que no todas... y esto
lo hemos aprendido a la fuerza. Sin embargo,
cuando las setas son buenas, pueden estar entre
los manjares más exquisitos de la creación: aromas
sublimes y penetrantes, fragancias de monte bajo,
consistencias y texturas de alta cocina... suficiente
para volverse loco (y quedar muy satisfecho).

BOLETUS EDULIS

BOLETUS, SETA CALABAZA U HONGO BLANCO

El boletus es el rey de los bosques. Legendario y versátil en la cocina, se encuentra entre finales de verano y otoño en una gran variedad de bosques y a muy distintas alturas.

Su sabor es universal, gracias a su aroma a monte bajo con notas terrosas y de frutos secos, un toque de dulzor y una gran carga de *umami*. Crece de forma aislada o en pequeños grupos de dos o tres ejemplares. El micelio produce setas vistosas, con grandes sombreros de color marrón rojizo que se difuminan en los bordes, se oscurecen al madurar y pueden alcanzar hasta 40 cm de diámetro y 3 kg de peso. Tiene tubos en lugar de láminas, de los que caen las esporas en el momento de la maduración. El pie es robusto, blanco o amarillento, a veces muy grueso, hinchado en el centro y parcialmente cubierto por un retículo en la parte superior. El sombrero del boletus, ligeramente pegajoso al tacto, es convexo cuando es joven, pero tiende a aplanarse a medida que madura. La carne es blanca, compacta y tenaz cuando la seta es joven, pero se vuelve algo esponjosa con la edad.

El micelio de este hongo forma asociaciones simbióticas con los árboles, envolviendo sus raíces con densas hifas fúngicas. Entre las setas comestibles, se considera una de las más seguras de recolectar, dadas las pocas especies venenosas que se le parecen y su fácil identificación para un recolector experimentado. Se encuentra en hábitats dominados por coníferas, cicutas, chinquapin, haya, roble, Keteleeria, etc., aunque quizás alcanza su plenitud organoléptica asociada a los castaños (¿has probado alguna vez los porcini de Borgotaro?). Gracias a su consistencia carnosa —sobre todo cuando es joven—, resulta deliciosa en una gran variedad de recetas: cruda en ensaladas, frita, a la parrilla o salteada con ajo y hojas de menta para condimentar memorables platos de pasta.

AMANITA CAESAREA

HUEVO DE REY U ORONJA

El huevo de rey, conocida como *seta de los Césares*, es un tesoro de la naturaleza apreciado desde los tiempos de la Antigua Roma.

Deliciosa y de alta calidad, la *Amanita caesarea* es típica de la cuenca mediterránea, donde se encuentra en montes bajos de robles y castaños. Es una seta protegida en varios países. En Ucrania se considera en peligro de extinción. Crece principalmente en el sur de Europa y el norte de África, pero también se encuentra en los Balcanes, Hungría, India, Irán, China y México. Su sombrero, de color entre naranja vivo y amarillo, puede alcanzar un diámetro de hasta 20 cm y tiene una superficie lisa con bordes ligeramente estriados. El pie varía del blanco al naranja y puede alcanzar los 25 cm de altura.

En sus fases juveniles, la *Amanita caesarea* tiene forma ovalada, envuelta en el «velo universal», una estructura que se desgarra a medida que la seta crece, dejando una volva en la base del pie y un anillo con forma de falda hacia la mitad de este. Con el velo cerrado, es posible confundir la *Amanita caeserea* con otras especies, incluso mortales, como la *Amanita falloide*. Sin embargo, normalmente se recolecta cuando aún es joven, en parte porque tiende a brotar en pequeños grupos donde cada seta tiene un grado de madurez diferente. Su aspecto juvenil es la razón del nombre popular italiano —*ovolo buono*—, ya que en esta fase se parece mucho a un huevo pequeño, más aún cuando del velo rasgado comienza a aparecer el naranja de la cutícula.

Su exquisitez es legendaria: en Italia se come cruda, cortada en rodajas finas y servida con virutas de parmesano o rúcula. Estas preparaciones realzan su delicado sabor y su consistencia ligeramente tenaz. La *Amanita caesarea* también es la protagonista de recetas más elaboradas, y algunos la sirven con pasta fresca tras saltearla en una sartén con ajo y aceite.

TRICHOLOMA MATSUTAKE

MATSUTAKE

Conocida en Japón como *matsutake*, es quizá la seta gastronómicamente más codiciada del mundo. Pertenece a la familia *Tricholomataceae*, y es originaria de los bosques de pinos de Asia oriental, del norte de Europa y de Japón, donde se considera un auténtico manjar.

El *matsutake* es un hongo micorrícico que forma una relación simbiótica con los pinos y las hayas. Crece justo al pie de estos árboles, normalmente oculto en la fértil hojarasca del bosque. Su sabor terroso, su consistencia carnosa y su dulce aroma, que recuerda al pino y a ciertas especies, lo han convertido en un referente inmortal del sabor de la gastronomía nipona. Estas características son la base de varios platos japoneses, como *matsutake gohan* (arroz con *matsutake*) y *sukiyaki* (una sopa rica en ingredientes típica de las fiestas de Fin de Año).

En Japón, el *matsutake* simboliza la fertilidad y la buena suerte, y hasta el siglo XVII solo los miembros de la nobleza del Sol Naciente tenían permitido comerlo; además, en los círculos aristocráticos era una práctica habitual intercambiárselo como regalo. Sin embargo, a partir de 1940, la producción de *matsutake* en Japón disminuyó drásticamente debido a problemas en el ecosistema, entre ellos la enfermedad del pino. Como consecuencia, los principales exportadores de *matsutake* pasaron a ser otros países, sobre todo China.

Esta seta también tiene propiedades medicinales, ya que sus compuestos actúan como antioxidantes que ayudan a limitar el desarrollo tumoral de las células. Entre sus nutrientes esenciales figuran también la vitamina B3, la vitamina D y el potasio. Más allá de sus cualidades terapéuticas, se trata de una seta que se come como un refinado manjar. Si tienes oportunidad, no dejes de probarla...

TUBER MAGNATUM

TRUFA BLANCA

Conocido como *trufa blanca de Alba*, este hongo es una joya gastronómica, famoso por su embriagador aroma y su exquisito sabor.

Aquí está el príncipe de las trufas, los hongos del inframundo, que fructifican bajo tierra. Su fama se remonta a miles de años atrás: el *Tuber magnatum* era, de hecho, un símbolo de estatus y lujo desde los tiempos de la Antigua Roma. Originaria del sur de Europa, se encuentra sobre todo en la zona de las Langhe y Monferrato (región del Piamonte), entre las localidades de Alba y Asti. En esas zonas, la búsqueda de la trufa blanca, para la que los cazadores utilizan perros adiestrados, da lugar a verdaderas batallas. Aún más hábiles que los perros en la búsqueda de trufas son los cerdos, que no se utilizan porque, como verdaderos conocedores, las devorarían al instante. También en Alba se celebra cada otoño la Feria de la Trufa, un encuentro gastronómico de excelencia absoluta que, haciendo un homenaje a esta joya culinaria, atrae a turistas y entendidos de todo el mundo. El evento pone de relieve no solo el valor culinario del *Tuber magnatum*, sino también su importancia cultural e histórica para la zona. Otro centro significativo para la recolección de este hongo es Acqualagna, en la región de Las Marcas, conocida también por el festival anual que dedica a la trufa.

Su sabor único y su marcada rareza la convierten en uno de los ingredientes más codiciados en las mejores cocinas. Su exclusividad tiene profundas raíces en la gastronomía italiana, donde se considera un ingrediente de excelencia absoluta. Servida cruda y finamente cortada sobre una gran variedad de platos, la trufa blanca desprende un aroma inconfundible que da un toque de distinción y realza muchas recetas. Bastan unas cuantas lascas casi imperceptibles de este hongo para elevar un huevo frito a niveles de cocina de estrella Michelin.

CLITOPILUS PRUNULUS

MOLINERA, CHIVATA O MOJARDÓN

La molinera, chivata (del boletus) o mojardón es una seta comestible apreciada por su aroma entre ciruela y pepino, con toques de harina fresca.

Esta seta de esporas rosas —técnicamente un *basidiomycetes*— crece principalmente en prados y bosques de coníferas y latifoliadas de Europa y Norteamérica, frecuentemente en la costa al norte de San Francisco, bajo el pino obispo (*Pinus muricata*). En la provincia china de Yunnan y en Taiwán, existe una variedad reconocida como especie en 2007, el *Clitopilus amygdaliformis*. La molinera fue descrita por primera vez en 1772 por el naturalista tirolés Giovanni Antonio Scopoli, quien la bautizó como *Agaricus prunulus*, clasificación que fue corregida en 1871 por el botánico alemán Paul Kummer.

Su sombrero varía del gris al blanco y puede alcanzar los 10 cm de diámetro. Tiene láminas decurrentes que descienden a lo largo del pie y normalmente adquiere un tono rosado con la edad. Cuando es joven, el sombrero es convexo, pero tiende a aplanarse a medida que madura, muchas veces con una depresión en el centro. La consistencia del sombrero es similar a la de la piel de ante: normalmente es seca, pero tiende a volverse pegajosa si el ambiente es húmedo.

Gracias a su sabor y aroma únicos, la *Clitopilus prunulus* es una especie muy codiciada por los buscadores de setas y los amantes de los aromas en capas. Gastronómicamente es muy valorada, pero puede confundirse con especies venenosas, como la *Clitocybe rivulosa* —un hongo cuyo nombre popular denota su toxicidad: *embudo del loco*—. Este, sin embargo, suele preferir los prados aireados, no tiene la característica esporada rosa ni el inconfundible olor a masa de pan.

GRIFOLA FRONDOSA

MAITAKE O GALLINA DE LOS BOSQUES

Esta especie saprófita (es decir, parásita) provoca la muerte de los árboles que coloniza, en particular castaños y robles. Es una seta muy buscada, con mil nombres, deliciosa y estudiada por su potencial medicinal.

Su nombre científico refleja su aspecto: la *Grifola* es frondosa, es decir, está formada por numerosos abanicos superpuestos de manera regular y unidos a un único pie. Al tacto, es ligeramente fibrosa y aterciopelada. Las frondas son jaspeadas de color blanquecino a avellana, y parecen un montón de plumas pequeñas que recuerdan al aspecto despeinado del más común de los animales de corral, la gallina, de donde deriva su nombre en inglés: *hen of the woods* (gallina de los bosques). Pero su distinción queda reparada por la lista de nombres con los que se la conoce en otras culturas: en Italia se la llama *grifo* (como el animal mitológico) u *hongo real*; en China, *flor del fresno*, mientras que en Japón se la conoce por el término *maitake*, que significa 'hongo que baila' —según una leyenda japonesa, el que se encontraba esta seta no podía evitar bailar de alegría por el regalo recibido en suerte—.

Es uno de los hongos más curiosos que se pueden encontrar en otoño, en los bosques de castaños de colinas. La *Grifola frondosa* se adhiere a plantas generalmente adultas, sigue dando frutos incluso cuando estas se cortan y, hasta que el tronco en el que está injertada no está completamente muerto, continúa creciendo, año tras año, siempre en el mismo lugar: el que encuentra una encuentra un tesoro inagotable que se debe custodiar celosamente, de padres a hijos, como un preciado secreto de familia.

Su agradable olor a avellana tostada y el sabor dulce de su carne blanca, que resiste la cocción, hacen de ella una seta perfecta para ser conservada durante mucho tiempo. Es muy codiciada, por ejemplo, en aceite.

FISTULINA HEPATICA

LENGUA DE BUEY
O HÍGADO DE BUEY

He aquí un políporo de consistencia blanda pero tenaz y un color que va del rojo ladrillo al violáceo. ¿Dirías que se parece a un trozo de carne? Piensa que en Inglaterra lo llaman *Beefsteak polypore* (políporo bistec) y que, cuando está fresco, desprende un jugo rojizo.

La lengua de buey o seta-hígado, como llaman en Italia a la *Fistulina hepatica*, es el único políporo comestible crudo. Crece sobre todo en los troncos de robles y castaños. Su sombrero, que puede llegar a medir hasta 25 cm, es carnoso y de margen ondulado. Presenta una superficie casi siempre irregular. Sobresale de los troncos exactamente igual a como lo haría una lengua gigante. En la parte inferior tiene pequeños poros por los que el hongo libera sus esporas. La *Fistulina hepatica* se encuentra en regiones templadas, sobre todo en Europa, Norteamérica y Australia. Un dato curioso es la capacidad de este hongo para absorber el exceso de hierro de los troncos en los que crece, motivo por el cual adquiere un color rojo sangre. La madera infectada por este hongo, conocida a su vez como *madera roja*, es muy apreciada en ebanistería por su peculiar tonalidad. La lengua de buey es un hongo saprófito que se alimenta de materia orgánica moribunda, con lo que contribuye a la regeneración de los bosques y desempeña un importante papel ecológico. Su presencia es, por tanto, un indicio de un entorno forestal sano.

La *Fistulina hepatica* no solo parece carne, sino que también se asemeja a ella en el sabor. Personalmente, es el ejemplo más convincente de carne-no-carne que jamás he probado. No en vano se utiliza en recetas vegetarianas precisamente como alternativa a la carne. En el pasado también se empleaba para acidificar la leche, ya que contiene ácido acético, que le confiere cierto aroma cítrico.

CRATERELLUS CORNUCOPIOIDES

TROMPETA DE LOS MUERTOS

La trompeta de los muertos pertenece a la familia *Cantharellaceae*, esas setas que parecen pequeñas copas o minúsculas cornucopias.

El *Craterellus cornucopioides* se reconoce por su típica forma de trompeta y su color fúnebre, a medio camino entre el gris y el negro. Sin embargo, el nombre que recibe popularmente no se debe a sus tonalidades oscuras, sino a que tradicionalmente se cree que brota en torno al 1 de noviembre, el Día de los Difuntos. Tiende a crecer en grandes grupos, en lugares sombríos y húmedos, a menudo en bosques de latifoliadas como robles y hayas, sobre todo cerca de tocones podridos, entre follaje en descomposición y paredes de musgo. Entre el aspecto y los rincones oscuros en los que elige aparecer, la trompeta de los muertos es difícil de ver, pero una vez localizada, suele haber muchas juntas. Cojamos una: puede llegar a medir 10 cm de diámetro, y se caracteriza por una forma cóncava que va haciéndose más profunda hasta formar una cavidad en forma de espiral. Su superficie exterior es rugosa y áspera, mientras que la interior es lisa y más clara; las esporas son de color amarillo pálido.

El *Craterellus cornucopioides* posee un micelio conocido por su capacidad para formar simbiosis micorrícicas con varios árboles, lo que le confiere un papel protagonista en la invisible red simbiótica que mantiene vivos los bosques, con efectos beneficiosos tanto para los hongos como para las plantas con las que entran en contacto.

Apreciada en cocina por su sabor delicado y ligeramente afrutado, el aroma de la trompeta de los muertos recuerda al de los boletus. Forma parte de muchas recetas tradicionales, sobre todo en Francia e Italia, donde estas setas se cocinan en risotos y salsas para platos de pasta. Además, su sabor y olor recuerdan a la acritud de la trufa, lo que la convierten en un excelente sustituto.

CALOCYBE GAMBOSA

SETA DE SAN JORGE
O PERRETXICO

Conocida como *seta de San Jorge* o *perretxico*, esta seta es apreciada por su delicado sabor y su tierna consistencia.

Al contrario que muchas otras, esta seta habla de primavera: tradicionalmente se dice que madura el 23 de abril, el día de San Jorge. En realidad, a veces despunta ya a finales de marzo, dependiendo de las condiciones meteorológicas, lo que la convierte en una de las primeras setas comestibles que aparecen tras el invierno. Crece sobre todo en prados y pastizales, a menudo en medio de arbustos espinosos como los del pino blanco, enebro o endrino (*Prunus spinosa*), a los que debe uno de sus nombres populares en italiano, *prugnolo* (otro muy elocuente es el de *spinarolo*, 'espinosilla'). Suele brotar en grupos que forman círculos un tanto hipnóticos, conocidos como «corros de brujas», una peculiaridad que ha contribuido a crear un aura de fascinación en torno a esta seta en el folclore popular. La seta de San Jorge se reconoce fácilmente gracias a su sombrero convexo o ligeramente aplanado, de color blanco-crema (a veces tiende al avellana). Puede alcanzar los 10-15 cm de diámetro y su superficie es lisa y seca, con los márgenes ligeramente enrollados. Tiene láminas densas, finas y recortadas hacia el pie, del mismo color que la cutícula.

Desde el punto de vista ecológico, la *Calocybe gambosa* desempeña un papel importante en la descomposición de la materia orgánica, lo que contribuye a la fertilidad de los suelos en los que crece. Es, de hecho, un importante indicador de las condiciones ambientales, además de una pieza clave en el ciclo de los nutrientes de los prados y bosques donde prolifera.

En cocina es muy apreciada, tanto por su versatilidad como por su delicadeza. Está exquisita cruda —cortada en rodajas finas o servida en ensalada— y cocida: perfecta para dar un toque de harina dulce a risotos, tortillas y tallarines.

LECCINUM RUFUM

BOLETO ANARANJADO DEL CHOPO O DEL ABEDUL

Conocido como *boleto anaranjado del chopo* o *boleto anaranjado del abedul*, este hongo forma parte de la familia *Boletaceae* y ofrece a los seteros la oportunidad de una recolección sostenible y respetuosa con el medioambiente.

Crece de verano a otoño en bosques mixtos y latifoliados, generalmente en asociación con chopos y abedules, a los que debe sus nombres comunes. Es más frecuente encontrarlo en suelos húmedos y ácidos, donde forma una relación simbiótica con las raíces de los árboles, ayudándolos a absorber los nutrientes del suelo. Se distingue por un sombrero que va del pardo al rojo óxido, con una superficie ligeramente rugosa o escamosa y un tamaño que puede variar mucho, hasta alcanzar incluso los 20 cm de diámetro. Otro rasgo distintivo del *Leccinum rufum* es su pie: largo, robusto y cubierto de escamas o puntitos negros, detalle que lo hace fácilmente reconocible entre otras setas de la misma familia. Uno de los aspectos más interesantes del boleto anaranjado del chopo es su capacidad de adaptación a distintos ambientes forestales, ya que posee una notable resistencia a las variaciones climáticas y ambientales, lo que le convierte en un útil indicador del estado de salud de los ecosistemas en los que crece.

Desde el punto de vista culinario, el *Leccinum rufum* es una seta comestible. Tiene un sabor delicado y una consistencia dura que lo hacen idóneo para diversas preparaciones, como estofados, risotos o simplemente salteado. Su carne es blanca, pero al corte vira lentamente al gris; es tierna en el sombrero y coriácea en el pie (que a menudo se desecha). Tras la cocción, la carne se vuelve fibrosa, ligeramente crujiente y de color muy oscuro, que le da un toque único a las sopas de setas.

MACROLEPIOTA PROCERA

PARASOL

Conocida en Italia como *mazza di tamburo* (mazo de tambor) y en Inglaterra y España como *seta parasol*, es apreciada en todas partes por su sabor. Sin embargo, esconde trampas que muchos no sospechan...

Común en Europa y Norteamérica, la seta parasol brota en cualquier suelo bien drenado: la podemos encontrar tanto en praderas como en bosques de latifoliados y de coníferas... y sabe cómo hacerse notar: la *Macrolepiota procera* es una seta imponente que a veces alcanza los 50 cm de altura. El pie, esbelto y fibroso, presenta un característico motivo a escamas que recuerda a la piel de serpiente. Cuando es joven, el sombrero es compacto y ovoide, y luego al madurar se vuelve casi plano, con un pequeño mamelón oscuro en el centro. Las láminas son apretadas y blancas, a veces veteadas con un ligero matiz rosa.

Aunque es reconocible, la seta parasol tiene grandes similitudes con algunos hongos tóxicos, como el *Chlorophyllum rhacodes*, cuyo pie no tiene el dibujo de piel de serpiente y puede provocar trastornos gastrointestinales. Otro falso amigo, responsable de muchos envenenamientos en Norteamérica y cada vez más común también en Europa, es el *Chlorophyllum molybdites*. Las branquias y la impresión de las esporas de este último son de color verdoso y no posee el dibujo de piel de serpiente. La recolección de la seta parasol requiere cierta cautela: si te la encuentras, observa atentamente las características de su pie.

Apreciada en cocina por su gran tamaño y versatilidad, la seta parasol es especialmente popular en Reino Unido, donde se come salteada en mantequilla muy caliente, también empanada como si fuera una chuleta o en recetas en las que se rellenan los sombreros y se desechan el pie y el bulbo (aunque algunas personas los secan y muelen para añadirlo a sopas, estofados y salsas). En realidad, incluso el sombrero requiere una larga cocción para poderlo comer, y hay quien desaconseja prepararlo a la plancha.

USTILAGO MAYDIS

CARBÓN DEL MAÍZ

En México se conoce como *huitlacoche*, palabra de origen azteca que significa 'excremento de cuervo', porque las agallas que esta seta crea sobre el maíz trasudan un líquido negruzco, no muy apetitoso.

Conocido popularmente como *carbón del maíz*, es un parásito muy evidente de esta planta; de hecho, cuando se desarrolla, crea grandes agallas en las mazorcas antes doradas que pueden producir hasta veinticinco mil millones de esporas cada una. A pesar de ser una enfermedad para las plantas, en México el *Ustilago maydis* se considera un verdadero manjar: se consume principalmente fresco y puede encontrarse en restaurantes, mercados callejeros o incluso en conserva. Los cultivadores de maíz a veces esparcen intencionadamente las esporas en un intento de que crezcan más hongos. En México, el consumo de carbón de maíz proviene directamente de la cocina azteca. Para comerlo, lo ideal es recoger las agallas cuando aún están inmaduras, ya que cuando maduran se secan y se llenan de esporas. Las agallas inmaduras, recolectadas dos o tres semanas después de que la mazorca de maíz haya sido infectada, mantienen en cambio un buen nivel de humedad y, una vez cocidas, tienen un sabor dulce, con notas de madera y tierra. Para hacerlas más atractivas a los ojos de los consumidores angloparlantes, los astutos comerciantes centroamericanos las han rebautizado con el nombre de *Mexican truffle* (trufa mexicana).

Para desarrollarse, el hongo infecta todas las partes de la planta huésped, invade el himeneo y hace que los granos de maíz se hinchen formando vesículas tumorales. Las agallas están compuestas por células hipertróficas de la planta infectada, filamentos fúngicos y esporas azul-negruzcas, que confieren a la mazorca un aspecto quemado y ennegrecido. Precisamente a este aspecto se refiere el nombre *ustilago*, del latín *ustilare*, que significa 'quemar'.

FERIA DE LA TRUFA BLANCA DE ALBA

Cada otoño se celebra en la región piamontesa de las Langhe una gran feria dedicada a uno de los manjares más codiciados del mundo: la trufa blanca. Entre los puestos, los vendedores tratan los tubérculos como pepitas de oro: los sacan de vitrinas, los pesan en balanzas de precisión e incluso te dejan olerlos si intuyen que vas en serio...

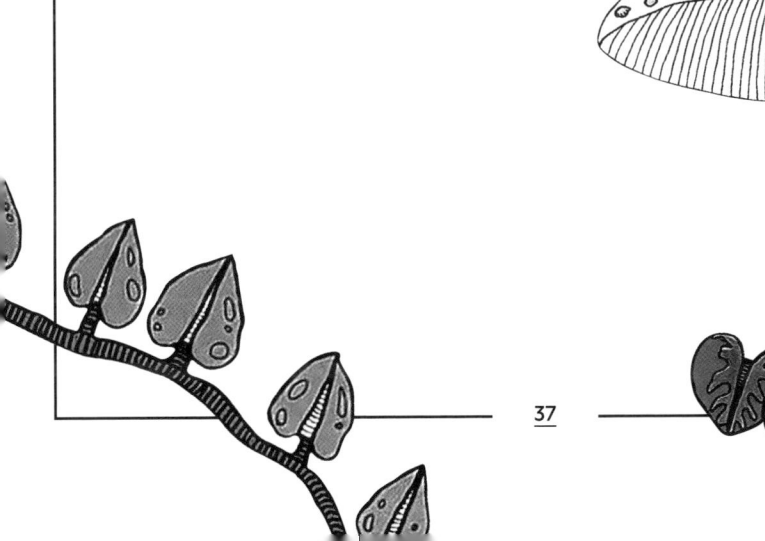

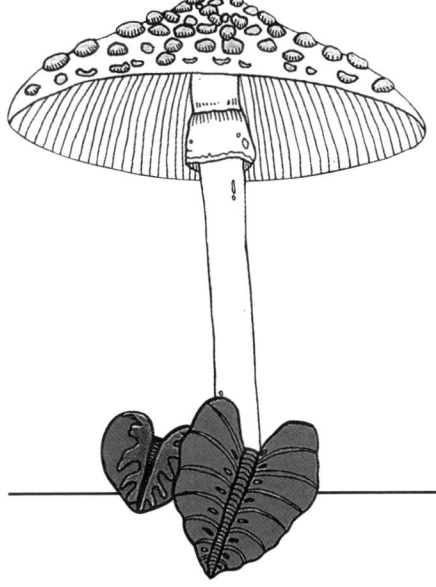

SETAS ALUCINÓGENAS

Desde hace miles de años, las setas alucinógenas son las protagonistas de rituales que representan el corazón de sistemas culturales enteros.

Asistir a las ceremonias en las que usan estas setas se convierte con el tiempo en un factor de cohesión que, además de definir la identidad de un grupo, consigue mejorar el estado psíquico de los participantes. Recientemente estas setas han sido objeto de descubrimientos que demuestran su importante valor terapéutico.

AMANITA MUSCARIA

MATAMOSCAS, FALSA ORONJA O SETA DE LOS ENANITOS

Esta es la seta por antonomasia, pero todavía hoy se la acusa erróneamente de ser mortal. Por contra, se desconoce bastante su grandísimo valor cultural: ¿sabías, por ejemplo, que desempeña un papel importante en la leyenda de Papá Noel?

Muy extendida en regiones templadas y boreales, crece en simbiosis con árboles deciduos y coníferas. Es una seta icónica, celebrada en diversas culturas y protagonista de rituales religiosos en distintas partes del mundo. Los cuerpos fructíferos de la *Amanita muscaria* emergen de la tierra como huevos blancos; el sombrero rojo aparece a medida que madura a través del velo, moteado de verrugas blanquecinas. En el pie, la seta tiene como una falda. En inglés se llama *Fly agaric* (agárico de las moscas), debido a la creencia de que poner unos trocitos desmenuzados en un cuenco con leche es suficiente para matar a los insectos. Todas las variedades de la *Amanita muscaria* poseen propiedades alucinógenas, debido a los principios psicoactivos del muscimol y del ácido iboténico, por lo que también se la conoce en italiano como *ovolo malefico*. Si se cuece durante unos minutos, se reduce el efecto de estas sustancias y, de hecho, la *Amanita muscaria* se come, previamente cocida, en ciertas partes de Europa, Asia y Norteamérica.

Esta seta también desempeña un papel central en la cultura chamánica siberiana. En Laponia, los chamanes viajaban hasta las casas de sus adeptos en trineos tirados por renos, y cuenta la leyenda que sorteaban las montañas de nieve acumulada frente a las entradas pasando por la chimenea. ¿Te suena de algo? Y eso no es todo: antes de entrar en las casas ajenas, el chamán comía trozos de *Amanita muscaria* y, según la tradición sami, quien ingiriera uno de estos hongos acabaría pareciéndose a ellos, volviéndose regordete, sonrojado y moteado de detalles blancos.

PSILOCYBE MEXICANA

SETAS MÁGICAS

Cuando se ingieren, estas setas tienen un efecto alucinógeno sobre la experiencia consciente: las superficies se empiezan a ondular, los sonidos y los colores se intensifican, los objetos se mueven y dibujan colas de luz por el aire. El sueño y la realidad se mezclan a través de su poder psicodélico.

Los aztecas llamaban a las setas mágicas *teonanácatl*, 'carne de los dioses'. Un nombre muy significativo que nos hace volver la vista atrás en el tiempo. De hecho, el conocimiento de las propiedades de las setas que contienen psilocibina aparece en épocas distintas y en culturas lejanas gracias a la difusión de los hongos del género *Psilocybe*, que cuenta con cientos de especies diseminadas por doquier. Las primeras evidencias se remontan a siete mil años atrás. Proceden de las ilustraciones rupestres de una cueva de Tassili n'Ajjer, en Argelia, y muestran a sacerdotes sosteniendo entre sus manos setas mágicas. Mil años más antiguo es el mural de Selva Pascuala, dentro de una cueva en Villar del Humo, en España: la evidencia europea más antigua del uso de hongos psicodélicos. Por otra parte, restos arqueológicos de «piedras fúngicas» hablan de un sofisticado culto de los hongos en Guatemala en el año 1500 a.C., y del año 1000 a.C. datan las estatuas mayas que representan deidades fusionadas al cuerpo de la *Psilocybe mexicana*. Y gracias precisamente a esta variedad, las setas ganaron popularidad en Occidente en la década de los años 50, a través del reportaje «Buscando setas mágicas», publicado en junio de 1957 en la revista *Life*. En el artículo, Robert Gordon Wasson relataba su experiencia con la carne de los dioses en Huautla de Jiménez, al sur de México. Se la suministró María Sabina, curandera y poetisa nacida en 1894 en la Sierra Mazateca, quien desde muy joven se dedicó a la celebración de «veladas», ceremonias nocturnas a base de psilocibina en las que cantaba mientras se transportaba en un viaje a los confines del universo.

CLAVICEPS PURPUREA

CORNEZUELO DEL CENTENO O ERGOT

El cornezuelo del centeno es un hongo negro con forma de cuerno que crece en los cereales, en concreto en el centeno, al que se le dice «cornudo» cuando está infectado. En el pasado causaba epidemias de ergotismo. En 1938, sintetizando los alcaloides de este hongo, Albert Hofmann inventó el LSD.

Antiguamente, cuando un cultivo de centeno estaba infectado de *Claviceps purpurea* —un parásito evidente, con sus cuerpos fructíferos claramente visibles entre las espigas—, no se desechaba y, una vez molido el centeno, el pan elaborado podía llegar a adquirir tonos azulados. Eran otros tiempos, y la cosecha se consumía de todos modos, aunque las poblaciones del centro y el norte de Europa corrieran el riesgo de sufrir una serie de contraindicaciones entre desconcertantes y peligrosas. De hecho, las epidemias de ergotismo eran bastante frecuentes: en algunos casos los afectados por la enfermedad, que adquiría inevitablemente dimensiones de pequeña epidemia —ya que el molino era el mismo para todo el pueblo—, simplemente deliraban durante unos días; pero en los casos más graves mostraban episodios de gangrena. La gente se curaba peregrinando al santuario de San Antonio de Padua, aunque en realidad el milagro se producía porque, en su viaje a Italia, los caminantes encontraban pan de trigo, un cereal raramente atacado por el cornezuelo.

Uno de los principios activos del cornezuelo, la ergotamina, se utiliza desde los años 20 para el tratamiento de las migrañas. En 1938, el joven químico suizo Albert Hofmann recibió de la empresa farmacéutica Sandoz el encargo de investigar los efectos de los otros alcaloides presentes en el hongo, con el fin de comprobar su potencial en el control del flujo sanguíneo de las parturientas. Así fue como Hofmann, mientras sintetizaba los alcaloides en el centeno «cornudo», entre experimento y experimento se topó con la dietilamida del ácido lisérgico, es decir, el LSD.

GYMNOPILUS SPECTABILIS

HONGO DE LA RISA

Después de comer un puñado, una mujer exclamó: «Me muero, qué divertido». Sin dejar de reír, otro replicó: «Si esto es envenenamiento por setas, me apunto». No es casualidad, por tanto, que el nombre popular en inglés sea *laughing gym* (hongo de la risa).

El *Gymnopilus spectabilis* es un hongo grande, de color entre amarillo vivo y ocre naranja, con láminas que se extienden a lo largo del pie y un velo claramente visible. Sus cuerpos fructíferos pueden contener psilocibina —algo seguro en al menos 14 tipos del género *Gymnopilus*— y otros compuestos, como las alfa-pironas presentes en la kava (un arbusto originario del Pacífico occidental), cuya ingesta puede provocar una risa incontrolada que, sin embargo, puede alternarse con náuseas, mareos, hiperproducción de orina y vértigos. En cualquier caso, estos hongos tienen un sabor muy amargo, lo que suele disuadir de su uso recreativo.

El hongo de la risa pertenece al vasto género *Gymnopilus*, que cuenta con más de 200 especies con esporas de color herrumbre. La mayoría de las variedades de *Gymnopilus* crecen en la madera, pero algunas también pueden proliferar en el suelo, cerca de tocones podridos. Su capacidad para crecer en distintos ambientes y su parecido con otros hongos requieren una identificación precisa; de hecho, es fácil confundir los hongos *Gymnopilus* con los de otros géneros, como los *Pholiota* y los *Cortinarius*. Los seteros principiantes también pueden confundir los *Gymnopilus* con los del género *Galerina*, que incluyen variedades mortales. Sin embargo, hay quienes los comen: en Uruguay, por ejemplo, el hongo de la risa se considera comestible y es uno de los más populares: se come en bocadillo con trozos de carne de ternera, panceta y otros ingredientes, una vez quitado su sabor amargo dejándolo hervir durante mucho tiempo.

PANAEOLUS FOENISECII

HONGO CORTACÉSPED O SETA DEL HENO MARRÓN

Se trata de un pequeño hongo extraordinariamente resistente que, al crecer en los jardines, es capaz de proporcionar las primeras experiencias levemente alucinógenas a los niños y quizá también a los perros.

Conocido popularmente como *hongo cortacésped* o *seta del heno marrón*, la *Panaeolus foenisecii* se reconoce por su pequeño sombrero convexo, de color marrón claro u oscuro y un diámetro de hasta 3 cm. Las lamelas, finas y apretadas, culminan en un pie delgado del mismo tono que el sombrero, o quizá un poco más claro. Otro de sus rasgos distintivos es la producción de esporas muy oscuras. Este hongo se adapta muy bien al césped y jardines, sobre todo cuando la hierba se ha cortado recientemente, fenómeno que parece estimular su fructificación y que sin duda le ha valido el nombre popular en inglés y en español de *Mower's mushrooms* u *hongo cortacésped*. Prefiere los climas templados y crece de primavera a otoño. Además, muestra una gran resiliencia, ya que prospera en condiciones desfavorables: su capacidad de adaptación lo convierte en objeto de estudio debido a su habilidad para sobrevivir en entornos urbanos y suburbanos, ofreciendo perspectivas sobre la biodiversidad fúngica y la ecología urbana.

Aunque es la seta más común en nuestro entorno y, por tanto, la que los perros y niños pueden ingerir por error con más facilidad, no se considera comestible, principalmente debido a su pequeño tamaño y a su insignificante valor nutritivo. Sin embargo, contiene algo interesante: entre sus principios activos hay derivados de la triptamina y trazas de psilocibina, que, incluso en pequeñas dosis, pueden producir cierto efecto en perros y niños curiosos... aunque los «viajes» son claramente inofensivos.

PLUTEUS SALICINUS

PLÚTEO O ESCUDO DEL SAUCE

El plúteo del sauce es un pequeño y simpático hongo alucinógeno que crece directamente en la madera de algunos árboles.

Oculto en el monte bajo, el plúteo del sauce fascina por sus tonalidades que van del marrón al violáceo, y por su sombrero que, con matices más suaves en el centro, pasa de acampanado a plano con la madurez, con una superficie ligeramente viscosa. Su elegancia se aprecia en las lamelas que, partiendo de un blanco puro, se tiñen de rosa a medida que maduran. Crece sobre madera en descomposición, especialmente de alisos y sauces, a los que debe su nombre. El pie, cilíndrico y robusto, puede alcanzar los 10 cm de altura, con una coloración a tono con el sombrero. Amante de la madera de sauce en descomposición, sobre la que destaca con su pie cilíndrico y resistente, este hongo no presenta anillos, rasgo que le distingue del resto de especies *Pluteus*. Brota entre finales de primavera y el otoño, y prolifera en los rincones más húmedos y sombríos. Su difusión y adaptabilidad son muy amplias, desde Europa hasta Norteamérica.

Sin embargo, el aspecto más significativo del escudo del sauce quizás sea otro, a saber, la serie de principios psicoactivos que alberga en su interior, empezando por la psilocibina y la psilocina. Estas triptaminas, aunque presentes en dosis más bajas que en otras setas —por ejemplo, las del género *Psilocybe*— pueden producir alteraciones sensoriales o algún tipo de sinestesia. Estos alcaloides también son objeto de investigación científica desde hace mucho tiempo debido a sus potenciales cualidades terapéuticas, que van desde el posible tratamiento de la depresión clínica hasta el de las adicciones y la ansiedad.

INOCYBE AERUGINASCENS

— FIBERCAP VERDOSO —

Se trata de un pequeño hongo capaz de inducir experiencias alucinógenas que al parecer son siempre eufóricas.

Este pequeño hongo, que hasta no hace mucho era un perfecto desconocido, brota entre finales de primavera y el otoño en los prados de Europa Central. Debe su nombre común a su pequeño sombrero verde, que se estira con el tiempo pasando de cónico a plano y que le ayuda a mimetizarse entre las latifoliadas y las coníferas. Amante de los climas templados, se identifica por sus láminas, que viran del blanco níveo al marrón a medida que maduran las esporas, así como por su pie delgado de color similar al del sombrero.

Pero lo que lo hace interesante es algo totalmente distinto, y se encuentra en los horizontes psicodélicos que es capaz de abrir. Atrajo la atención de los micólogos a principios de los años 80, cuando se registraron algunos casos de intoxicación en Alemania a consecuencia de una serie de ingestiones accidentales. Investigando se descubrió que, además de psilocibina y psilocina, este pequeño hongo contenía trazas de baeocistina, así como aeruginascina —un alcaloide al que precisamente dio nombre, ya que hasta entonces no se conocía—. El «viaje» provocado por esta seta presenta características peculiares: se han registrado impresiones de gravedad decreciente, alucinaciones en colores e ilusiones espaciales; un micólogo alemán describió más tarde la presencia de vívidas abstracciones, así como la sensación de percibir su alma en vuelo. Además, todos los casos de intoxicación por *Inocybe aeruginascens* indujeron una sensación de euforia muy elevada, a pesar de la carga de un entorno potencialmente muy negativo al tratarse de una experiencia sobre cuya seguridad era legítimo albergar serias dudas. Pese a todo, el consumo de este hongo es bastante seguro; más problemática es en todo caso su correcta identificación, ya que se parece mucho a otras especies peligrosas.

CONOCYBE SILIGINEOIDES

CABEZA DE CONO

Conocida como *cabeza de cono*, esta pequeña seta era utilizada en rituales chamánicos por los mazatecos de Oaxaca, México.

El nombre *Conocybe* deriva del griego antiguo *cono*, que significa lo mismo, 'cono', y de *cybe*, que significa 'cabeza'. *Conocybe* es una amplia familia de hongos que incluye al menos 243 especies.

La cabeza de cono se distingue gracias a su sombrero en forma de pequeña campanilla, con un diámetro de 2,5 cm como máximo. Tiene una superficie lisa y un color que oscila entre el marrón claro y el avellana, un poco más oscuro en el centro. Esta setita mágica tiene lamelas apretadas, de color pálido al inicio y más oscuras con la maduración de las esporas. Su pie puede alcanzar los 6 cm de altura; es delgado, frágil y de color pálido. Crece en ambientes húmedos y sombríos, en sustratos ricos de madera podrida y trozos de leña, como jardines descuidados o bosques, naturalmente. Brota sobre todo entre el final de la primavera y el otoño, en condiciones de mucha humedad.

Este pequeño hongo contiene dos compuestos psicoactivos muy conocidos, la psilocibina y la psilocina, capaces de desencadenar experiencias psicodélicas. Estos alcaloides hacen que la *Conocybe siligineoides* sea asimilable a la familia de los hongos sagrados, de ahí su uso en los rituales sagrados de los mazatecos. A pesar de sus cualidades, es importante recordar que el consumo de esta seta conlleva un alto nivel de riesgo para seteros que no sean muy experimentados, ya que se parece mucho a especies altamente venenosas. Una de sus «primas», la *Conocybe filaris*, es una seta común de monte que contiene las mismas toxinas letales presentes en la mucho más conocida *Amanita phalloides*.

AMANITA PANTHERINA

PANTERA O FALSO GALIPIERNO

Según el testimonio de algunos ancianos ajumawi —una tribu que vive en el norte de California—, en la Antigüedad los chamanes tomaban este hongo en ceremonias de curación para ver el espíritu del paciente, con efectos clarividentes.

Entre los indios americanos ajumawi, que viven en Fall River Valley y pertenecen al conjunto étnico de Pit River, se han registrado pruebas del uso tradicional de la *Amanita pantherina*, algo que resulta singular por ser el único caso etnográfico en el mundo del uso de esta especie que posee propiedades psicoactivas similares a las de la *Amanita muscaria*. Los ajumawi llaman a este hongo *pulqui* y creen que nace después de las tormentas primaverales con truenos y relámpagos. Los que quieren recolectarlo se adentran en el bosque entonando cantos de llamada y dirigiendo plegarias al hongo, al rayo y al trueno. En el momento de la recolección, abanican ritualmente sobre el pulqui con una gran pluma blanca. Solo deben recogerse los hongos que nacen en primavera, en la época en que florecen los pensamientos y los cornejos. Una vez secos, se colocan en una bolsa de cuero hasta su uso. Hoy en día también se utiliza el pulqui con fines curativos, a veces en lugar del peyote. Dado que los efectos pueden ser muy variados, los hongos se ingieren poco a poco hasta obtener los resultados deseados.

La *Amanita pantherina* es una seta silvestre conocida por sus cualidades psicotrópicas y por sus efectos potentes y a veces peligrosos. Se encuentra en Europa, América del Norte y Asia, a menudo en verano y otoño. Contiene alcaloides, como el ácido iboténico y el muscimol, que pueden provocar alucinaciones y alteraciones de la percepción. Los síntomas incluyen euforia, distorsiones visuales y auditivas y, en casos graves, convulsiones. En manos inexpertas, el consumo de esta *Amanita* es peligroso.

MARÍA SABINA

Es la curandera por antonomasia, una auténtica chamana que ha alcanzado el rango de leyenda mexicana. María Sabina, nacida en la remota región de Oaxaca, desde muy pequeña recolectaba alrededor de su pueblo, Huautla de Jiménez, lo que ella llamaba sus *niños*, los hongos «mágicos» con los que realizaría ceremonias sagradas a lo largo de toda su vida.

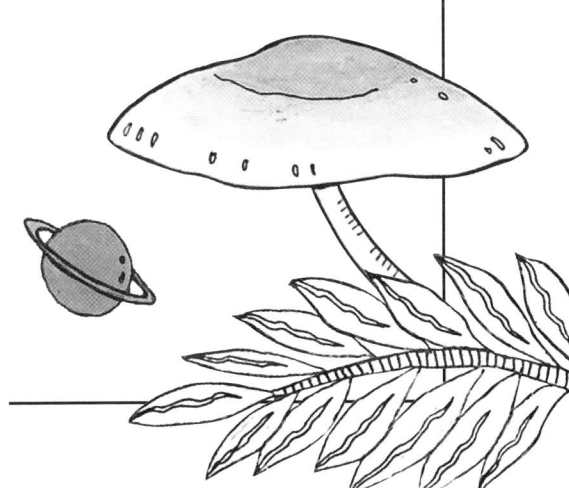

SETAS
VENENOSAS

Es algo tan sabido que quizá no haga falta decirlo
y, sin embargo, a juzgar por las noticias de cada
otoño, sí hace falta. Muchas setas son venenosas y
muchas de ellas se confunden efectivamente con
otras comestibles. La seta más mortífera de todas,
la *Amanita phalloides*, es prima hermana de una
de las más ricas, la *Amanita caesarea*. Conviene
recordar aquí que la información contenida en este
libro es orientativa y no exhaustiva.

AMANITA PHALLOIDES

CICUTA VERDE, ORONJA MORTAL U HONGO DE LA MUERTE

Seta con muchos nombres populares, como cicuta verde, oronja mortal, oronja verde, hongo de la muerte, canaleja, seta del diablo, mataperros... que casi siempre hacen clara referencia a su letal venenosidad.

Dado que resulta peligroso casi hasta mirarla, conviene describirla. El sombrero de la cicuta verde tiene un diámetro de entre 5 y 15 cm, con forma de globo pequeño al principio y luego aplanado con la madurez. Tiene una superficie lisa de un color entre verde oliva y amarillo parduzco, a menudo con tonos más pálidos en los bordes. Las láminas son libres, apretadas y blancas. El pie, de hasta 15 cm de altura, es robusto, tiene un anillo prominente y una base engrosada y circundada por una volva, un rasgo distintivo importante. Prefiere los bosques de latifoliadas y coníferas: crece a menudo en las proximidades de robles, castaños y pinos. Originaria de Europa y Asia, actualmente también se encuentra en Norteamérica y Australia, debido a introducciones accidentales.

El hongo de la muerte contiene toxinas mortales como la alfa-amanitina y la faloidina, que causan graves daños al hígado y a los riñones, provocando la muerte por insuficiencia hepática. Estas sustancias actúan inhibiendo una enzima crucial en la síntesis del ARN, lo que bloquea la función celular vital. Los efectos tóxicos no son inmediatos, sino que suelen manifestarse tras un periodo de latencia de 6 a 24 horas a partir de la ingestión, un retraso que a menudo imposibilita cualquier tratamiento. Los síntomas de envenenamiento pueden incluir vómitos, diarrea, calambres y deshidratación grave. La *Amanita phalloides* también puede confundirse con setas comestibles, lo que dificulta su identificación a los no expertos. Por ejemplo, algunas de las setas a las que se parece son la *Amanita ovoidea* y la *Amanita rubescens*, del género *Agaricus*.

COCCIDIOIDES IMMITIS

HONGO DE LA FIEBRE DEL VALLE

Hongo microscópico que causa la fiebre del valle (o coccidioidomicosis), una infección que puede llegar a ser muy grave.

El *Coccidiodes immitis* es un hongo dimórfico, es decir, puede existir como moho en el suelo (a una temperatura alrededor de 25 °C) o como levadura en el cuerpo de un huésped (más o menos a 37 °C). El hongo, que se comporta a todos los efectos como un agente patógeno, se aloja en el terreno de ciertas áreas desérticas, como las del suroeste de Estados Unidos, del norte de México y de algunas regiones de América del Sur y Central. Aunque crece en el suelo, puede propagarse en determinadas condiciones —cuando el viento o actividades como la agricultura o las excavaciones agitan las esporas— y ser inhalado por personas y animales. Si se inhala, el *Coccidioides immitis* puede desencadenar la coccidioidomicosis o fiebre del valle, una enfermedad pulmonar que varía desde cuadros leves parecidos a la gripe hasta infecciones potencialmente mortales. Una vez que las esporas llegan a los pulmones, pueden transformarse en la forma levadura del hongo y, replicándose, causar la enfermedad.

Aunque la mayoría de las personas se recuperan sin un tratamiento específico, en algunos casos la infección puede extenderse a otras partes del cuerpo y hacerse más grave. Los síntomas de la enfermedad aparecen entre una semana y un mes largo a partir del contacto con las esporas e incluyen tos, fiebre, dolores musculares y cansancio. Si la infección se extiende más allá de los pulmones, puede afectar a la piel, los huesos, el sistema nervioso y otros órganos. En algunos casos provoca una erupción cutánea dolorosa denominada eritema nodoso. El diagnóstico y el tratamiento oportunos son cruciales, sobre todo para las personas con un sistema inmunitario debilitado (ancianos, mujeres embarazadas, etc.), que corren un mayor riesgo de desarrollar las formas más graves de esta enfermedad.

AMANITA VERNA

CICUTA BLANCA U ORONJA BLANCA MORTAL

Conocida como *cicuta blanca* u *oronja blanca mortal*, se encuentra entre las setas más peligrosas, entre otras cosas porque a menudo se confunde con otras perfectamente comestibles.

La cicuta blanca, de la familia *Amanitacea*, se caracteriza por un sombrero blanco, sin escamas ni estrías, y un pie delgado con anillo y volva. Esta última es un resto membranoso que envuelve la base del pie durante la fase juvenil y tiene forma de saco casi esférico. En la cicuta blanca está completamente enterrada, un detalle que lleva a engaño a los seteros inexpertos que cortan el hongo en el punto en el que emerge del suelo, y muchas veces no la ven.

El envenenamiento por *Amanita verna* se debe a las amanitinas, una clase de toxinas que dañan gravemente el hígado, los riñones y otros órganos vitales, interfiriendo en el proceso celular y provocando daños incluso irreparables en los órganos internos. Los síntomas no se manifiestan de inmediato: las primeras fases pueden ser asintomáticas o cursar solo molestias como náuseas, vómitos y diarrea, pero la degeneración es rápida y daña los órganos y el sistema nervioso central. El diagnóstico precoz es crucial, al igual que la asistencia médica, ya que en algunos casos se hace necesario un trasplante de hígado para salvar la vida del paciente.

La cicuta blanca crece en bosques de latifoliadas y coníferas, sobre todo en primavera y verano. Su presencia está muy extendida en diferentes regiones templadas. Su zona de distribución contribuye a que haya casos de identificación errónea: existen similitudes sorprendentes con la *Amanita virosa* —la maloliente—, una seta comestible que comparte muchas características con la *Amanita verna*, como el sombrero blanco y el pie delgado con anillo y volva. También induce a error el *Agaricus campestris* —el champiñón del prado—, que es comestible, muy abundante y «primo» del champiñón común.

OMPHALOTUS OLEARIUS

SETA DEL OLIVO

La seta del olivo es un clon tan convincente del rebozuelo (*Cantharellus cibarus*) que es responsable de la mayoría de las intoxicaciones por setas en el área mediterránea.

Crece de manera cespitosa sobre tocones, raíces o madera podrida de olivos, acebuches, encinas o algunos arbustos, como jaras y lentiscos. Es un hongo lignícola que degrada la materia orgánica en descomposición y está bastante extendido en la cuenca mediterránea (de hecho, es casi inexistente en el norte de Italia).

Como ya se ha mencionado, el *Omphalotus olearius* es muy tóxico y puede inducir rápidamente una complicación gastrointestinal grave. Su aspecto es el de un pequeño embudo de color rojizo anaranjado que, al tocarlo, tiñe los dedos de naranja: un signo delator que hay que tener en cuenta (y al que debe uno de sus apodos en Italia: *hongo lacado*). Otra pista a tener en cuenta es su bioluminiscencia de color verde pálido: en la oscuridad, sus láminas desprenden una luz tenue pero fascinante, una curiosa característica a la que este hongo debe en Italia otro de sus nombres populares, el de *hongo fantasma*.

La seta del olivo pertenece a la familia *Marasmiaceae*, tiene el sombrero carnoso y las lamelas apretadas. El pie es macizo, fibroso y normalmente curvado. A pesar de sus dos notables rasgos distintivos, para el ojo inexperto puede parecerse mucho a los magníficos rebozuelos, razón por la que muchas veces se recoge. Este error en determinados casos puede llegar a ser trágico, entre otras cosas porque los rebozuelos, como es sabido, se comen en grandes cantidades.

RUBROBOLETUS SATANAS

BOLETUS SATANÁS

Sublime en su portentosa aura de maldad, conocido como *boletus Satanás*, este primo del rey de los bosques es claramente tóxico.

Parece sacado de un cómic en el que le queda como un guante el papel de villano de los boletus: esta seta venenosa, perteneciente a la familia *Boletaceae*, posee unas características morfológicas que son una conmovedora declaración de intenciones por su sinceridad. El *Rubroboletus satanas* es una seta venenosa con un gran sombrero de color rojo ladrillo y tubos esponjosos que viran endiabladamente al verde —y, por si fuera poco, su carne azulea al corte—. Su pie es rojo en la parte superior y se aclara gradualmente hacia la base. Tiene un olor desagradable, a la larga nauseabundo, y cuando madura huele a cadáver. Su sabor en la fase juvenil recuerda a la dulzura de la nuez, pero pronto se vuelve repulsivo. El boletus Satanás crece en los bosques entre verano y otoño. Los seteros inexpertos pueden confundirlo con sus extraordinarios primos —aunque no es tan fácil—, tal vez sobre todo cuando el sombrero se aclara —por ejemplo, al contacto con una hoja— y se vuelve blanco, una dinámica común a todos los boletus. Hay que decir, sin embargo, que para confundirlo es necesario ignorar los muchos otros indicadores de peligro que el hongo reúne para alertar. En cualquier caso, es importante no confundirlo, no recolectarlo y obviamente no servirlo en ensaladas, porque el maléfico boletus contiene toxinas que pueden provocar graves problemas gastrointestinales y vómitos prolongados y extenuantes. Lo que lo hace venenoso es la bolesatina, una toxina conocida por haber causado bastantes envenenamientos entre los seteros menos experimentados. A fin de cuentas, más no puede hacer para decirnos que pasemos de largo...

GYROMITRA ESCULENTA

BONETE O FALSA COLMENILLA

Seta con curiosa forma de cerebro, aparentemente exquisita, pero mortal en determinadas condiciones.

Conocida con el nombre de *bonete* o *falsa colmenilla*, esta seta pertenece a la familia *Helvellaceae* y llama la atención tanto por su sabor como por su toxicidad. Se la reconoce sobre todo por su sombrero lobulado, con pliegues sinuosos y muy irregulares, de un color que oscila del marrón al gris o al rojo ladrillo; su pie es corto, curvado y está unido a la parte inferior del sombrero. Fructifica en primavera en bosques de coníferas y latifolios, cerca de tocones en descomposición. Pese a ser potencialmente mortal, se consume en algunas partes del mundo por su excelente sabor, ya que su toxicidad varía en función de una serie de factores. Si se come cruda y en grandes cantidades, es mortal; incluso hervida sigue siendo tóxica, pero su peligrosidad disminuye, de modo que por ejemplo en Finlandia puede comprarse fresca, deshidratada o en lata, siempre que se incluyan advertencias sobre su peligrosidad e instrucciones en caso de intoxicación.

La *Gyromitra esculenta* contiene una gran cantidad de giromitrina —una molécula compuesta por varios tipos de hidracina— que no solo provoca intoxicaciones muy graves, sino que también es cancerígena. La intoxicación por *Gyromitra esculenta* se denomina síndrome giromitriano y tiene un largo periodo de incubación; las molestias, como dolor de cabeza y mareos, aparecen incluso hasta 12 horas después de la ingestión. Estos síntomas suelen remitir, pero en el 15 % de los casos al cabo de unos días se producen complicaciones renales o anémicas incluso mortales. Comerlo es como jugar a la ruleta rusa: existen «valores umbral» que varían de una persona a otra, por debajo de los cuales el hongo bonete aparentemente no causa nada, pero si se superan resulta mortal.

CORTINARIUS ORELLANUS

CORTINARIO DE MONTAÑA

Considerada comestible hasta no hace mucho, resultó ser una seta mortal tras una intoxicación masiva en Polonia.

El *Cortinarius orellanus* es un hongo venenoso perteneciente a la familia *Cortinariaceae*. Hoy sabemos que es altamente tóxico, pero es uno de esos hongos que durante mucho tiempo ha sido objeto de malentendidos, ya que se consumía con bastante regularidad hasta que, a raíz de una intoxicación masiva que se saldó con numerosas muertes, se investigó bien su perfil químico y se descubrió así su toxina característica —bautizada como orellanina—, cuyo efecto grave sobre los riñones puede manifestarse hasta 14 días después del atracón. Es posible que sea este retraso lo que ha exonerado al hongo durante décadas, si no siglos...

Tiene un aspecto casi humilde, como si quisiera pasar desapercibido entre las pequeñas setas del monte bajo: tiene un sombrero acampanado de tamaño pequeño a mediano, de un color que va del naranja al rojo ladrillo, cuya superficie a menudo está cubierta de pequeñas escamas o fibrillas. El pie es relativamente delgado, de un color similar al del sombrero y un anillo membranoso —quizá su característica más distintiva— situado hacia la parte inferior. Crece en bosques de latifoliadas y coníferas.

Su parecido con diversas setas comestibles lo hace especialmente peligroso para los recolectores «domingueros», por lo que resulta fundamental ser capaz de identificarlo con precisión para evitar el riesgo de intoxicación grave.

Los síntomas de envenenamiento por *Cortinarius orellanus* incluyen trastornos gastrointestinales, insuficiencia renal, edema, hipertensión y otros trastornos metabólicos graves. La orellanina es una toxina no termolábil, es decir, resiste incluso la cocción.

SCLERODERMA CITRINUM

ESCLERODERMA AMARILLA O PEDO DE LOBO

Algunos recolectores inexpertos han confundido la *Scleroderma citrinum* con las trufas, aunque para salir de dudas les habría bastado con abrirla por la mitad y verla brillar como un cristal dentro de una piedra cubierta de polvo.

No sé por qué en la zona de Castelli Romani a este hongo se le conoce como *pedo de lobo*, pero sí sé algo que está relacionado con su nombre científico: *Scleroderma*, que proviene del griego, nos habla de la dureza de la cutícula, y *citrinum* —'limón' en latín— está relacionado con el color. En español, esta seta se conoce como *escleroderma amarilla*. Representante de la familia *Sclerodermataceae*, inicia su crecimiento bajo tierra y acaba emergiendo del suelo solo parcialmente, razón por la cual, como el pie es de hecho invisible, a veces se la confunde con una trufa. El sombrero o, mejor dicho, en este caso la vesícula, tiene forma de globo y un color entre amarillo limón y ocre. La superficie, punteada de pequeñas verrugas que se desprenden fácilmente para liberar las esporas, recuerda un poco a una pelota de tenis. Bastante común en bosques, brezales y pastos bajos; crece de otoño a invierno.

La *Scleroderma citrinum* tiene una carne dura y compacta, oscura y brillante por dentro; sin embargo, a medida que envejece tiende a reducirse a un polvo negruzco que acaba por romperse y abrirse para esparcir sus esporas, desprendiendo un olor similar al de un medicamento en mal estado. La ingestión de *Scleroderma citrinum* puede causar trastornos gastrointestinales tanto en humanos como en animales. También puede provocar lagrimeo, rinitis y rinorrea, y la sola exposición a las esporas puede causar un ataque de conjuntivitis. Entre sus toxinas se encuentran el ácido esclerodérmico y el ácido triterpénico. Su peligrosidad varía de un ejemplar a otro y también los factores ambientales pueden influir en ella.

GALERINA MARGINATA

GALERINA REBORDEADA

Es una de las setas más peligrosas, ya que combina la toxicidad con el parecido a una amplia gama de especies claramente comestibles y bastante extendidas, como las setas de chopo (*pioppini*) o los hongos de miel (*chiodini*).

La *Galerina marginata* tiene un sombrero pequeño, de forma cónica o semiesférica, con un diámetro de entre 2-5 cm. El color del sombrero oscila entre distintas tonalidades de marrón, y a menudo presenta una pequeña protuberancia justo en el centro. El pie es delgado, generalmente más oscuro en la parte superior y más claro cerca de la base. Bajo el sombrero se pueden ver unas lamelas apretadas, estrechas y de color pardo que producen esporas, a su vez de color pardo cuando maduran. La *Galerina marginata* crece en los bosques de medio mundo en grupos de numerosos ejemplares, a menudo sobre madera en descomposición, especialmente de coníferas.

Es una seta mortal, ya que contiene amatoxinas. Tras su ingestión, siempre accidental, se han registrado casos de intoxicación grave y síndromes parafaloides —es decir, parecidos a los provocados por el *Amanita phalloides*—. Las toxinas presentes en este hongo pueden causar daños en el hígado y hasta insuficiencia hepática. Tras la ingestión y una serie inicial de síntomas gastrointestinales dolorosos, la persona que ha ingerido *Galerina marginata* muchas veces experimenta una mejoría efímera de su estado de salud, seguida sin embargo de daños hepáticos que pueden resultar irreversibles o, cuando menos, derivar en complicaciones de salud importantes.

GORDON WASSON Y VALENTINA PAVLOVNA

Gordon Wasson, banquero estadounidense y micólogo aficionado, junto con su esposa Valentina Pavlovna, pediatra rusa y experta en micología, fueron pioneros en el campo de la etnomicología estudiando el uso tradicional de muchos hongos. La pareja es conocida sobre todo por documentar las ceremonias realizadas en México por María Sabina.

SETAS MEDICINALES

Es bien sabido que al menos un hongo, el *Penicillium notatum*, ha pasado a la historia de la medicina: a él debemos la penicilina y, más en general, la categoría de los antibióticos. Lo que quizá sea menos conocido es que hay muchísimos hongos con cualidades medicinales, a veces oportunamente aprovechados en remedios de tradición secular, pero muchas otras veces poco estudiados por la farmacopea occidental. Por suerte, las cosas por fin están cambiando.

AGARICUS SUBRUFESCENS

HONGO DE LA ALMENDRA O CHAMPIÑÓN DEL SOL

Debido a su aroma, se le conoce comúnmente en Norteamérica como *hongo de la almendra*; pero más interesante que estas notas organolépticas es su potencial terapéutico, explotado desde hace tiempo en la medicina tradicional.

El *Agaricus subrufescens* es una seta pequeña que parece un capuchino espolvoreado con cacao por encima. Crece en zonas de clima templado, tanto en áreas boscosas como en praderas, a menudo cerca de madera en descomposición y en grupos bastante numerosos. Originario de la zona oriental de Norteamérica, al este de las Montañas Rocosas, el hongo de la almendra acabó extendiéndose a otras partes del mundo, incluida Europa.

Estudios recientes han demostrado que el *Agaricus subrufescens* contiene compuestos potencialmente beneficiosos para la salud, como antioxidantes e inmunoestimulantes. En el mundo de los hongos medicinales, el hongo de la almendra también se conoce como *Agaricus blazei*; en Brasil, donde se llama *cogumelo do sol*, está muy extendido y ampliamente comercializado por su potencial curativo; en Japón, donde se conoce como *himematsutake*, se cultiva profusamente con fines medicinales y se considera una de las especies más importantes, sumando a sus propiedades terapéuticas el favor *gourmet*. Tradicionalmente se ha empleado para tratar enfermedades como la arterosclerosis, la hepatitis, la diabetes, la dermatitis y el cáncer. También se incluye como ingrediente medicinal en diversos integradores alimentarios del mercado estadounidense, aunque la FDA, la agencia del medicamento de EE. UU., ha sugerido ser cautos con estos usos y no indicar ninguna cualidad terapéutica en la etiqueta. Es verdad que existen muchos estudios sobre el *Agaricus subrufescens*, pero todavía no hay ninguno a largo plazo ni basado expresamente en humanos (algunas de sus cualidades por el momento solo se han demostrado en ratones).

PHELLINUS LINTEUS

MESHIMAKOBU O SONG GEN

Conocido en Japón como *meshimakobu*, en China como *song gen* y en Corea como *sanghwang*, este hongo cuenta con una larga historia en los usos tradicionales de las medicinas orientales.

El *Phellinus linteus* se desarrolla en forma de pequeños abanicos de aspecto algo nudoso y tiene una consistencia bastante leñosa. El color, que aparece en franjas concéntricas, varía del pardo oscuro al negro, con un borde más claro, tirando al amarillo ocre, que le confiere un bonito toque de elegancia. Crece en árboles de hojas anchas —a menudo en manzanos y perales—, principalmente en bosque primario y entornos arbolados no demasiado antropizados. Se ha documentado su presencia en varias regiones de Asia, de donde es originario, pero también puede encontrarse con cierta frecuencia en Norteamérica.

No es un hongo comestible en el sentido estricto de la palabra, pero se hacen extractos de él o se consume triturado en polvo. En la medicina tradicional asiática, de hecho, el *Phellinus linteus* es desde hace mucho tiempo un popular hongo medicinal. Se utiliza mucho en China, Japón y Corea, debido a los múltiples compuestos bioactivos que contiene, como polisacáridos, triterpenoides, fenilpropanoides y furanos. Diversos estudios, sobre todo orientales, afirman que este hongo posee principios activos útiles para una serie de aplicaciones farmacológicas, como antitumorales, antiinflamatorias, inmunomoduladoras, antioxidantes y antifúngicas, así como efectos antidiabéticos, hepatoprotectores y neuroprotectores. Por el momento, sin embargo, faltan evidencias sobre la posible toxicidad crónica ligada al uso del *Phellinus linteus*, y quedan áreas por investigar más a fondo respecto a su homologación con la normativa de la farmacopea occidental.

INONOTUS OBLIQUUS

CHAGA O NARIZ DE CARBÓN

Este hongo parásito de los abedules, conocido como *chaga* o *nariz de carbón*, es originario de las frías regiones septentrionales del mundo, donde es muy apreciado por sus excelentes cualidades medicinales.

En su novela autobiográfica de 1967, *Pabellón del Cáncer*, el premio nobel Alexander Solzhenitsyn relata su recuperación del cáncer gracias a una decocción de chaga, tras el fracaso de las terapias farmacológicas disponibles en la época. El *Inonotus obliquus* es un hongo que curiosamente tiene pinta a su vez de parásito canceroso, como si fuera una quemadura o una ampolla de alquitrán en los troncos de los abedules. Crece lentamente y puede alcanzar un tamaño considerable, debido también a que su desarrollo puede durar varios años. Se utiliza desde hace mucho tiempo como medicina popular para tratar enfermedades degenerativas como úlceras, gastritis y tuberculosis. Hoy en día sigue siendo apreciado por su importante potencial terapéutico y su rica gama de principios activos, que incluye moléculas como terpenos, péptidos, esteroles, polifenoles y polisacáridos, todas ellas potencialmente activas contra las células cancerosas. Por esta razón, en los últimos diez años el chaga ha sido sometido a una serie de pruebas para evaluar minuciosamente su potencial anticancerígeno: el *triterpenoide inotodiol*, por ejemplo, ha demostrado efectos inhibidores de la carcinogénesis, y los polisacáridos del chaga también han mostrado potenciales efectos anticancerígenos, tanto por sus efectos antioxidantes como inmunoestimulantes. En el mercado existen asimismo diversos integradores alimentarios a base de *Inonotus obliquus*, presentados generalmente como complementos para mejorar el funcionamiento del sistema inmunitario. En Rusia, el chaga se consume tradicionalmente en forma de té o extracto, normalmente para tratar dolencias estomacales y enfermedades de la piel.

CANTHARELLUS CIBARIUS

REBOZUELO

Hongo conocidísimo, rozando lo legendario, el rebozuelo es un imprescindible absoluto en el campo gastronómico, además de esconder cualidades terapéuticas insospechadas...

Celebérrimo gracias a su vibrante color amarillo anaranjado, su aroma parecido al albaricoque y su forma de trompeta, el rebozuelo crece en bosques de frondosas y coníferas, generalmente en terrenos húmedos y sombríos, en casi toda Europa, Norteamérica y Asia. Elogiado en la mesa por su sabor ligeramente a pimienta y su consistencia carnosa, también resulta muy versátil en la cocina, ya que es ideal para platos sencillos —como tortillas y risotos— o en recetas más elaboradas. Su nombre en italiano, *finferno*, deriva probablemente del antiguo término teutónico *Pfifferling*, que hace referencia a una seta pequeña y valiosa.

Lo que quizá no todo el mundo sabe es que el *Cantharellus cibarius* es tan rico en propiedades terapéuticas que constituye por sí solo un excelente complemento alimenticio. Su pequeño cuerpo dorado alberga un cofre del tesoro de vitaminas —muy útiles, por cierto— como la B y la D; minerales, como el cobre, el hierro y el potasio, así como antioxidantes. Estos últimos en particular, dada su alta concentración, pueden ayudar a contrarrestar los daños causados por los radicales libres y reducir potencialmente el riesgo a contraer enfermedades crónicas y cardiovasculares, así como ciertos tipos de cáncer. Los rebozuelos, además, contienen cantidades importantes de polisacáridos, en concreto de betaglucanos, conocidos por sus propiedades inmunomoduladores, es decir, capaces de estimular el sistema inmunitario y mejorar la respuesta del organismo a las infecciones. En resumen, los rebozuelos son como un elixir de vida, si bien hay que desaconsejar su uso excesivo, ya que contienen potenciales alérgenos, lo que no resulta extraño en esencias tan ricas en principios activos.

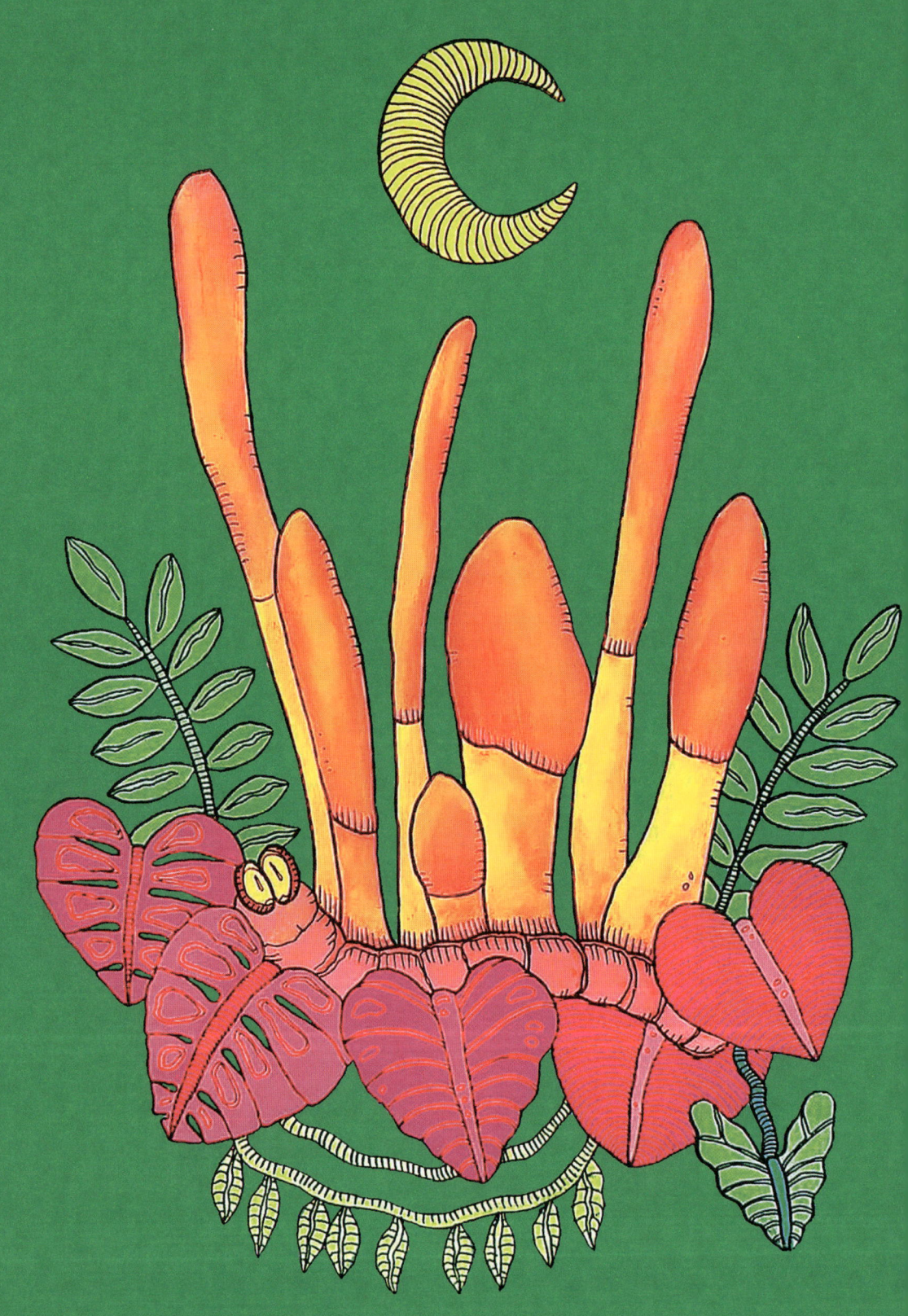

CORDYCEPS MILITARIS

HONGO DE LA PROCESIONARIA

Este honguito parece una fina lengua de fuego que, si nos fijamos bien, emerge del caparazón quitinoso de un insecto. Por si fuera poco, contiene una farmacopea.

Es diminuto, delgado, de un centímetro de altura como máximo y color naranja brillante; hunde sus hifas en el cuerpo de larvas y pupas de lepidópteros muertos, que vacía rápidamente reduciéndolos solo al exoesqueleto. Ya con esto bastaría para convertirlo en un hongo interesante, pero el *Cordyceps militaris* también atrae la atención de los micólogos por sus destacadas cualidades terapéuticas. Esta curiosa seta crece en diversas partes del mundo y puede encontrarse en los ambientes más húmedos de los bosques de Europa y de Norteamérica. Sin embargo, es en Asia donde se ha hecho famosa. De hecho, en la medicina tradicional china, el *Cordyceps militaris* se utiliza desde hace siglos para tratar un gran número de enfermedades; pero esto no es todo: también se cree que posee cualidades que pueden mejorar la energía física, la resistencia al esfuerzo, y que funciona incluso como afrodisíaco. Además, parece que su consumo aumenta la producción de trifosfato de adenosina, la principal fuente de energía celular, y mejora la absorción del oxígeno, dos cualidades que la han hecho muy popular entre los atletas del Lejano Oriente. Asimismo, se ha utilizado para mejorar las funciones del sistema respiratorio, gracias a sus propiedades antinflamatorias y broncodilatadoras, y para facilitar la función renal. Y en Oriente también se la valora por su supuesto efecto anticancerígeno. A este respecto, hay estudios que han demostrado que la presencia de compuestos como la cordicepina —una enzima característica del *Cordyceps militaris* a la que debe su nombre— es capaz de interferir en el metabolismo de las células tumorales, limitando su crecimiento y propagación.

HERICIUM ERINACEUS

BARBA DE CABRA O MELENA DE LEÓN

Espléndida y exuberante —los ingleses la llaman *melena de león* y en China se conoce como *cabeza de mono*—, al mirarla uno piensa en la barba de un anciano dios, lo que tiene sentido teniendo en cuenta los poderes que es capaz de desatar.

La *Hericium erinaceus* es una seta comestible con increíbles propiedades beneficiosas, y un aspecto también único: parece un ordenado revoltijo de largas y tiernas púas colgantes de un color entre beige y amarillo crema. Crece de forma espontánea en los troncos de latifolias en descomposición —sobre todo en robles y hayas— en Europa, América del Norte y Asia. Es apreciada en cocina debido a su consistencia carnosa y a su delicado sabor, con notas dulzonas que pueden recordar a las de los crustáceos. Sin embargo, aquí está por otras razones: hoy en día es valorada universalmente por sus propiedades neuroprotectoras, de sobra conocidas en la medicina tradicional china. De hecho, es un hongo rico en compuestos bioactivos, como las erinacinas, unos metabolitos que ayudan a la recuperación del deterioro cognitivo durante el envejecimiento. Este descubrimiento ha hecho posibles nuevas estrategias terapéuticas para la prevención y el tratamiento de la demencia senil y el Alzheimer. El consumo de la barba de cabra, que también se comercializa como complemento alimenticio, potencia además la concentración, la memoria y la claridad mental. Otras propiedades terapéuticas de este hongo medicinal incluyen efectos antiinflamatorios, inmunomoduladores y antioxidantes, así como potenciales mejoras en estados de ansiedad y depresión. Por último, hay indicios que sugieren que la *Hericium erinaceus* puede ser beneficiosa para la salud gastrointestinal, ya que favorece la proliferación de bacterias beneficiosas y alivia los trastornos digestivos.

GANODERMA LUCIDUM

PIPA O REISHI

En China se llama *reishi* y en Japón *lingzhi*, dos términos que pueden traducirse como 'seta divina', apodo debido a la creencia de que este hongo alarga la vida de quienes lo comen.

La seta pipa tiene un hermoso sombrero brillante (al que alude su nombre científico) en forma de pipa o cachimba y, como muchos políporos, luce una coloración a franjas que recuerdan a pequeños arcoíris —en este caso oscilan entre las diversas tonalidades del rojo, con bordes más claros y un centro más oscuro—. Aunque no es una seta comestible en el sentido estricto de la palabra, ya que su carne es más bien leñosa, se utiliza mucho en forma de extracto y polvo. Crece en árboles moribundos, sobre todo latifolios. Es originaria de las regiones húmedas y templadas de Asia, pero actualmente se cultiva en todas partes por sus reconocidas propiedades terapéuticas. Para la medicina tradicional asiática, una infusión de *reishi* puede ayudar a prevenir un montón de trastornos, como úlceras de estómago, hemorragias nasales, pérdida de apetito, palpitaciones del corazón, hipertensión, asma, estreñimiento, disfunción eréctil, tumores e insomnio. Hoy en día este hongo es apreciado por su fuerte efecto inmunomodulador, debido a la presencia de polisacáridos y triterpenos. Estos compuestos refuerzan el sistema inmunitario y han demostrado su potencial para inhibir el crecimiento de células cancerosas. Además, el *Ganoderma lucidum* se utiliza por sus propiedades antioxidantes, antiinflamatorias y calmantes, así como para ayudar a controlar el estrés, mejorar la calidad del sueño y aumentar la sensación de bienestar general. Algunas investigaciones sugieren que puede tener efectos beneficiosos también sobre la salud cardiovascular, al reducir la presión arterial y los niveles de colesterol. Y, por si fuera poco, si cuelgas un ejemplar en la puerta de tu casa, mantendrás alejados a los malos espíritus.

HYPSIZYGUS TESSELLATUS

BUNA-SHIMEJI

En Asia oriental, donde crece, esta seta se llama *buna-shimeji* y es muy apreciada en cocina. Sin embargo, es tan rica en propiedades que hablar de ella solo como alimento sería reduccionista.

El *Hypsizygus tessellatus* crece en cepas densas que lucen una infinidad de sombreros de color blanco a marrón claro, como si fuera un festín de burbujas diminutas; tiene un pie largo y delgado con branquias apretadas y estrechas que van desde el sombrero hasta la base del hongo. Suele desarrollarse en troncos de frondosas, como robles y avellanos, tanto de forma silvestre como en cultivos controlados.

Es apreciado en cocina por su delicado sabor a avellana y su textura crujiente. Desde el punto de vista nutricional, el *Hypsizygus tessellatus* es rico en proteínas, fibra, vitaminas (en concreto B y D) y minerales (sobre todo potasio, zinc y hierro), características que lo convierten en un alimento muy saludable, adecuado para diversas dietas alimentarias. Las vitaminas del grupo B, abundantes en la *buna-shimeji*, son importantes para mantener la salud mental y cognitiva, aunque todos los nutrientes que contiene esta seta son esenciales para el funcionamiento del cerebro y pueden ayudar a mejorar el estado de ánimo y reducir el estrés. Además, gracias a su alto contenido en fibra, el *Hypsizygus tessellatus* ayuda a la salud digestiva, favoreciendo la regularidad intestinal y previniendo trastornos como el estreñimiento. Por último, como muchas otras setas, la *shimeji* contiene antioxidantes que ayudan a combatir el daño causado por los radicales libres, lo que puede tener un impacto positivo en la prevención de enfermedades crónicas.

No está mal para una seta que ni siquiera se incluye tradicionalmente entre las medicinales...

LARICIFOMES OFFICINALIS

HONGO DEL ALERCE O AGÁRICO BLANCO

El hongo del alerce es un parásito que crece en bosques antiguos de coníferas, colonizando sobre todo alerces viejos. Aunque es común a lo largo de la costa noroeste del Pacífico americano, resulta cada vez más difícil encontrarlo en otros lugares. Desde la Antigüedad se cuenta entre los principales hongos medicinales.

Conocido desde la Antigüedad clásica con el nombre griego de *agarikon*, este gran hongo en forma de sombrero al revés con rayas amarillo-grisáceas ha ocupado siempre un papel central en los usos y cultos de los pueblos indígenas norteamericanos. Las tribus nativas tlingit, haida y tsimshian lo consideraban importante desde el punto de vista medicinal y espiritual. En sus rituales, colocaban ejemplares tallados de lo que llamaban «pan de los dioses» sobre las tumbas de los chamanes. Los haida, aborígenes de la región canadiense de British Columbia, también identificaban el *Laricifomes officinalis* con un dios llamado Hombre Champiñón, a quien, según el mito, el ser humano debería la existencia de las mujeres y, por tanto, de la humanidad. Sin embargo, la fama curativa del *Laricifomes officinalis* llegó mucho más allá de Norteamérica, hasta el punto de que incluso se han encontrado restos del agárico blanco en el estómago de Otzi, la momia de hielo de más de 5000 años de antigüedad hallada en el Similaun, en la frontera entre Italia y Austria. Ya en el año 65 d.C. el botánico Pedanius Dioscorides dio fe del uso del *agarikon* en la antigua Grecia, donde se utilizaba como remedio contra la tuberculosis. En un pasado más reciente, el hongo del alerce se conocía también como «hongo de la quinina», ya que formaba parte de una decocción utilizada contra la malaria. Además, el micólogo Paul Stamets ha realizado varios estudios sobre las cualidades antivirales del hongo, demostrando la eficacia de sus extractos contra diversos virus, entre ellos los de la familia de la viruela, el herpes, la gripe A y B, y la tuberculosis.

PENICILLIUM (GÉNERO)

PENICILLIUM

En 1928 el farmacólogo Alexander Fleming descubrió que el *Penicillium notatum* era capaz de matar las colonias bacterianas del *Staphylococcus aureus*. Ese día cambió la historia de la medicina.

El género *Penicillium*, conocido por el descubrimiento del antibiótico penicilina, es un grupo de hongos microscópicos muy difundido e importante tanto en el ámbito médico como en el industrial. Se trata de una serie de mohos fácilmente reconocibles por su típica estructura en forma de cepillo, con un color que va del blanco al azul pasando por el verde, y a menudo una estructura blanda y filamentosa. En la naturaleza, se encuentran en la materia orgánica en descomposición y son una parte esencial de los procesos de regeneración de los ecosistemas. Estos mohos pasaron a la historia gracias al descubrimiento de la penicilina de la mano de Alexander Fleming: el antibiótico derivado del *Penicillium notatum* marcó el inicio de una nueva era en la farmacología al ofrecer un tratamiento eficaz para infecciones bacterianas hasta entonces letales como la neumonía, la fiebre reumática, la gonorrea y diversas formas de sepsis. La penicilina, en efecto, interfiere en la capacidad de las bacterias para formar la pared celular, esencial para su supervivencia. Este medicamento también ha abierto camino al desarrollo de una amplia clase de antibióticos, con muchas variantes que con el tiempo han potenciado su alcance y eficacia. Otros tipos de *Penicillium* se utilizan industrialmente para la producción de enzimas, ácidos orgánicos y otros compuestos; algunos de ellos se emplean, por ejemplo, en la producción de quesos, como el Roquefort y el Gorgonzola, en los que ayudan a definir su sabor y textura.

PAUL STAMETS

Es el micólogo vivo más importante. Este erudito estadounidense, conocido por sus dotes divulgativas y su activismo fúngico, es un ferviente defensor de las propiedades medicinales y micorrícicas de los hongos. Ha escrito varios libros sobre el tema, de los cuales el más conocido es *Mycelium Running: How Mushrooms Can Help Save the World*.

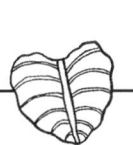

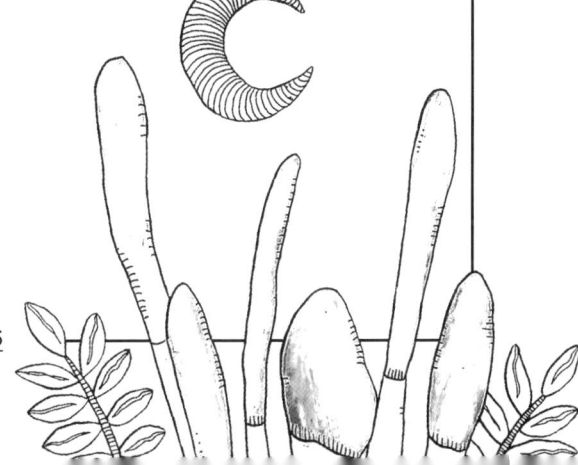

MICORRIZACIÓN

La dispersión rizomática y filamentosa de diminutas hifas fúngicas permitió a las plantas afianzarse en la tierra y, en última instancia, a la vida emerger del agua. Al igual que la crearon, los hongos también son capaces de destruir la materia orgánica, poniéndola de nuevo a disposición del ciclo de la vida; y aún más interesante es su capacidad para degradar contaminantes y toxinas. Los hongos crean y destruyen; en resumen, los hongos son Shiva.

PLEUROTUS OSTREATUS

SETA DE OSTRA O CONCHA

La seta de ostra es una de las más populares y cultivadas del mundo. Conocida por su delicado sabor y su textura carnosa, también es importante por su capacidad para regenerar el medioambiente.

El *Pleurotus ostreatus* tiene un sombrero —o, mejor dicho, una pequeña flota de sombreros en forma de abanico o, como su nombre indica, de ostra— de un color que está entre el gris perla y el marrón, con un pie corto muchas veces lateral. La seta de ostra habita en las regiones templadas del hemisferio norte, donde crece en troncos de árboles muertos o moribundos, contribuyendo al proceso de reciclaje de los nutrientes en el ecosistema. Hoy en día se cultiva en sustratos hechos a base de serrín, paja o residuos agrícolas, debido a su fuerte comercialización como seta comestible apreciada por su delicado sabor, que recuerda vagamente al de los boletus. En cocina es un ingrediente versátil, pero aquí la he incluido por otra razón: la seta de ostra tiene una notable capacidad para descomponer compuestos orgánicos complejos, como la lignina, la celulosa e incluso algunos contaminantes, que transforma en sustancias más simples y menos nocivas. Su capacidad para degradar la lignina —el principal componente de la madera— es realmente excepcional, cualidad que le permite contribuir de forma importante al ciclo de los nutrientes en los ecosistemas forestales. El *Pleurotus ostreatus* también se estudia por su capacidad para reducir los contaminantes ambientales, como metales pesados e hidrocarburos aromáticos policíclicos, tanto en el suelo como en el agua. Este proceso, conocido como *biorremediación*, le convierte en un buen candidato para la limpieza de entornos contaminados. Su potencial en el campo de la micorrización se extiende también al tratamiento de aguas residuales y a la biorremediación de lugares contaminados.

COPRINUS COMATUS

BARBUDA, CHIPIRÓN DE MONTE O MATACANDIL

La barbuda es inconfundible: es como si llevara puesto un vestido de novia, pero cuando envejece comienza a escamarse y a exudar una tinta muy negra.

El *Coprinus comatus* se encuentra en pastos fertilizados, en lo que se denomina un medio estercolado, un auténtico ecosistema. Merece la pena recogerlo, ya que es exquisito siempre que no esté demasiado abierto.

Es efímero, así que si te lo encuentras más vale que corras a casa —una vez recogido se deteriora en pocas horas— y, cuando ya estés delante de la cocina, córtalo en rodajas muy finas y fríelo en la sartén con una nuez de mantequilla, verás qué delicado sabor tiene. Reconocerlo es fácil: tiene un sombrero muy largo, casi cilíndrico, cubierto de escamas muy finas que le confieren un aspecto como emplumado. Inicialmente es de color blanco, pero tiende a ennegrecerse y a fundirse en riachuelos de tinta cuando madura. El pie es alto y delgado, con un anillo.

El *Coprinus comatus* también posee importantes capacidades micorrícicas, sobre todo en lo que respecta a la degradación de contaminantes orgánicos. De hecho, este hongo ha demostrado su eficacia en la descomposición de varios tipos de residuos, como por ejemplo los agrícolas; su capacidad para degradar compuestos como la celulosa y la lignina lo hace útil en el tratamiento de residuos y la producción de compost. Además, hay estudios que exploran su uso en la biorremediación de suelos contaminados por hidrocarburos y otros contaminantes químicos. Su capacidad para absorber y descomponer estos compuestos altamente tóxicos hace de la barbuda una interesante candidata para la depuración de diversos entornos contaminados.

HYPSIZYGUS ULMARIUS

OSTRA DEL OLMO

La ostra del olmo, maestra en el arte del reciclaje, esconde una enzima capaz incluso de descomponer el plástico.

Originario de las regiones templadas del hemisferio norte, el *Hypsizygus ulmarius* tiene un sombrero grueso y carnoso de color entre blanco y crema, y un pie robusto. Crece en solitario o en grupos en las puntas rotas pero vivas de ramas y troncos de maderas duras, preferentemente olmo y arce americano, y fructifica entre agosto y diciembre. Es apreciado en cocina por su delicado sabor y su firmeza. Además, el *Hypsizygus ulmarius* tiene interesantes propiedades en el campo de la micorrización, sobre todo en lo que respecta a la degradación de sustancias lignocelulósicas. De hecho, este hongo es capaz de descomponer la lignina y la celulosa, contribuyendo al proceso de descomposición natural de los ecosistemas forestales. Su capacidad para degradar compuestos orgánicos complejos lo hace potencialmente útil para la gestión de los residuos de la madera y la producción de compost de calidad. Ulteriores investigaciones están estudiando el uso del *Hypsizygus ulmarius* en la biorrecuperación de entornos contaminados por sustancias tóxicas, como metales pesados y compuestos químicos industriales. La ostra del olmo ha demostrado ser capaz de salir adelante de muchas maneras: por ejemplo, explotando la enzima lacasa para descomponer la lignina de su árbol huésped. Esta enzima, al tener una baja especificidad de sustrato, puede utilizarse para biodegradar materiales muy diversos, como por ejemplo los plásticos. Los científicos también están estudiando qué factores influyen en la producción de lacasa con el fin de explotar su enorme potencial. Además, se ha demostrado que la lacasa producida por la ostra del olmo es capaz de degradar también algunos colorantes, lo que podría resultar útil en el tratamiento de aguas residuales.

PLEUROTUS PULMONARIUS

OSTRA INDIA

Conocida como *ostra india*, es una variedad de seta ostra apreciada por su delicado sabor, su textura carnosa y sus notables propiedades ecológicas.

El *Pleurotus pulmonarius* tiene un sombrero liso, con una forma a medio camino entre una ostra y un abanico, y a veces fructifica superponiendo múltiples secuencias de sombreros. De hecho, si nos los imaginamos como abanicos, podríamos pensar que estamos en Andalucía en verano en medio de un gran grupo de mujeres acaloradas. Suele ser de color gris claro, con matices crema o pardo, y tiene un pie central más o menos corto. Este hongo prolifera en la madera muerta, sobre todo de frondosas, y a menudo se cultiva sobre sustratos a base de serrín o paja.

Además de ser muy apreciado en cocina por su versatilidad, en el campo de la micorrización el *Pleurotus pulmonarius* muestra grandes dotes en la degradación de compuestos orgánicos complejos, incluida la reducción drástica de contaminantes medioambientales como metales pesados e hidrocarburos aromáticos policíclicos. Su eficiencia en la degradación de estos elementos lo convierte en un interesante candidato para el tratamiento de lugares comprometidos y la depuración de aguas y suelos contaminados. En particular, se emplea para el tratamiento de los suelos contaminados por dibenzodioxinas y furanos policlorados (contaminantes ambientales persistentes que suelen ser residuos industriales encontrados en el medioambiente como resultado de procesos de combustión incompletos y conocidos por su capacidad para permanecer en el ecosistema y acumularse en la cadena alimentaria), que el hongo sublima mediante fermentación hasta solidificarlos. En un estudio donde se utilizó el *Pleurotus pulmonarius* para degradar estos contaminantes en suelos no esterilizados, alcanzó una tasa de eliminación del 96 %. No está mal, ¿verdad?

PLEUROTUS ERYNGII

SETA DE CARDO

Seta comestible muy popular, conocida como *seta de cardo* y apreciada por sus cualidades gastronómicas y por la forma en que descompone los fenoles.

La seta de cardo tiene un sombrero robusto de color entre blanco y marrón claro que descansa sobre un pie grueso y carnoso. Es la más conocida de las «setas ostra», hasta el punto de que en inglés la llaman *King Oyster Mushroom* ('rey de las setas ostra'), aunque en realidad se da sobre todo en la zona mediterránea. Crece en simbiosis con las raíces de las plantas de cardo, a las que debe su nombre popular, y es muy apreciada en cocina por su consistencia dura que —con un poco de imaginación— recuerda a la carne. En Italia es un ingrediente importante en diversas recetas regionales, hecha generalmente a la plancha o salteada en sartén con ajo y perejil. Esta seta también se cultiva muchísimo, pero, dejando a un lado los aspectos gastronómicos, la *Pleurotus eryngii* se estudia sobre todo por su potencial en el campo de la micorrización: es capaz de contribuir de forma importante a la depuración de los ecosistemas, gracias a la eficacia de sus enzimas ligninolíticas. En concreto, la seta de cardo es capaz de degradar los fenoles, unos compuestos químicos, generalmente derivados de los residuos industriales, que son tóxicos para los organismos acuáticos y tienden a acumularse en el medioambiente, causando daños a largo plazo a los ecosistemas. Algunos fenoles también son cancerígenos y atentan contra la salud humana acumulándose en la cadena alimentaria; su capacidad para resistir a la biodegradación los hace persistentes, pero, para su desgracia, la actividad enzimática de la seta de cardo consigue descomponerlos, lo que permite restaurar vastas zonas contaminadas. Y, como ya hemos dicho, también están riquísimas, así que ¡todos a comer!

LENTINULA EDODES

SHIITAKE O SETA CHINA

El primer cultivo de setas tuvo lugar en China, hace unos dos mil años. Wu San Kwung, que inventó el cultivo de la seta *shiitake*, es hoy recordado con una festividad y en su ciudad de origen existen varios templos dedicados a él.

La *Lentinula edodes*, conocida como *seta china* o *shiitake*, es una de las setas más populares del mundo. Originaria del este de Asia, es muy apreciada por su gran valor gastronómico, así como por sus múltiples propiedades beneficiosas. En definitiva, es uno de esos hongos que podrían haberse incluido en casi todos los capítulos de este libro, porque también es excepcional en el campo de la micorrización. En japonés, *shiitake* significa 'seta de roble', porque estos hongos de color claro o ámbar crecen no solo en troncos, sino también en la madera apilada en el patio trasero de casa, lo cual facilita mucho su cultivo: basta con hacer un agujero en el tronco de un roble e introducir una astilla de madera con un micelio de *shiitake* para verla crecer. Nutricionalmente, la *Lentinula edodes* es una seta rica en proteínas, vitaminas del grupo B, minerales como el selenio y el zinc, y antioxidantes. También contiene compuestos bioactivos como el lentinan, un polisacárido que ha mostrado una serie de efectos prometedores en el tratamiento de algunos tipos de cáncer y en la estimulación del sistema inmunitario. Por último, la *shiitake* es eficaz en la degradación de compuestos contaminantes y en la absorción de metales pesados. Cuando se activa con vainillina, es capaz de degradar un compuesto muy peligroso, el diclorofenol, un contaminante medioambiental clasificado como prioritario por la Agencia de Protección Ambiental de Estados Unidos (EPA por sus siglas en inglés), que es nocivo para la salud humana y animal. Por sí solas, las *shiitakes* pueden degradar el diclorofenol en un 15 % en aproximadamente un mes, y si se activan con la vainillina lo eliminan hasta en un 92 %.

TRAMETES VERSICOLOR

COLA DE PAVO O YESQUERO MULTICOLOR

En inglés se conoce como *turkey tail*, dado su gran parecido con la cola de un pavo. Muy extendido por todo el mundo, el yesquero multicolor es uno de los hongos con mayores propiedades antivirales: entre sus compuestos se encuentra el PSK, un polisacárido capaz de alargar la vida de los enfermos de cáncer.

Versicolor en latín significa 'de muchos colores', y no es casualidad que este hongo se llame así: sus sombreros superpuestos son a veces tan chillones como escamas de alabastro en forma de medialuna. El *Trametes versicolor* parece estar hecho de esta piedra brillante, sobre todo cuando luce sus colores más habituales: la marrón herrumbre veteado con franjas oscuras.

Muy fácil de encontrar al pasear por los bosques de Norteamérica, crece en capas, en grupos o hileras, en troncos viejos y tocones de árboles deciduos. Se trata de una seta sin pie, con una carne de apenas unos milímetros de grosor y consistencia dura. Los yesqueros multicolor se propagan en grandes cantidades gracias a las enzimas producidas por sus micelios, capaces de exterminar casi todos los demás hongos que aspiren a colonizar los mismos sustratos leñosos. Además de allanar el camino para la proliferación de los *Trametes versicolor*, estas enzimas tienen multitud de usos: hay quienes las usan para decolorar los pantalones tejanos, mientras que algunos aborígenes americanos, por ejemplo, la tribu de los dakota, las usaban para darle sustancia a sopas y estofados. Hoy en día, quizá por su consistencia leñosa, no se consideran buenos para comer. Sin embargo, la cualidad más importante de los polisacáridos de estos hongos es la de estimular el sistema inmunitario. No es casualidad, de hecho, que el *Trametes versicolor* se encuentre entre los hongos medicinales más populares de Asia: en China y Japón se usan habitualmente como ayuda en los tratamientos contra el cáncer de la medicina tradicional.

AGARICUS BISPORUS

CHAMPIÑÓN COMÚN O CHAMPIÑÓN DE PARÍS

En Francia es el hongo por excelencia, hasta el punto de que la palabra con la que lo denominan allí, *champignon*, significa 'hongo'.

Sobran las presentaciones: es quizá la seta comestible más consumida del mundo, que se distingue gracias a su delicado sabor y a su enorme versatilidad culinaria. Describirlo en este caso es superfluo; basta decir que crece en ambientes ricamente fertilizados y se cultiva con facilidad. Aunque tradicionalmente no se le atribuyen propiedades medicinales, estudios recientes han sugerido que el *Agaricus bisporus* también puede tener propiedades beneficiosas, como la mejora de la salud inmunitaria y la prevención de ciertas formas de cáncer, gracias a la presencia de antioxidantes y compuestos bioactivos. No hay que subestimar tampoco la contribución del champiñón en el campo de la micorrización: como hongo saprófito, el *Agaricus bisporus* desempeña un importante papel ecológico en la descomposición de la materia orgánica, transformando los restos vegetales en compuestos nutritivos y poniéndolos así a disposición del ciclo de la vida en el ecosistema. Este proceso contribuye a la salud del suelo al mejorar su fertilidad y estructura. Además, el champiñón ha demostrado su eficacia —al igual que otros hongos como el *Phanerochaete chrysosporium*, el *Trametes versicolor* y el *Pleurotus ostreatus*— en la eliminación y recuperación de metales pesados en ambientes contaminados. Conviene saber que los hongos utilizan tres estrategias para revitalizar los suelos contaminados: la biodegradación, la bioconversión y la bioabsorción.

STROPHARIA RUGOSOANNULATA

STROPHARIA REY
O BRUJA MARRÓN GRANDE

Según Paul Stamets, el micólogo más conocido del mundo, la bruja marrón grande es la mejor seta para cultivar en el jardín. Veamos por qué.

«A menudo me preguntan —escribió Paul Stamets en Instagram— cuál es la mejor seta para cultivar en tu propio jardín. Basándome en mi experiencia de décadas, es con diferencia el gigante de jardín, también conocido como *Stropharia* rey». El motivo de esta afirmación reside en la capacidad de este hongo para ser un descomponedor tanto primario como secundario: una vez introducido en un mantillo de virutas de madera, puede aclimatarse y proliferar durante varios años en una pequeña porción de tierra. Y una vez trasplantado a su sitio, se convertirá en un aliado para la mayoría de las plantas del jardín. Además, cuando fructifica —de primavera a otoño— puede llegar a ser enorme, es decir, muy espectacular; a esto hay que añadir que no es solo comestible, sino riquísimo de sabor. Una de las propiedades de esta seta es que se alimenta de nematodos, pequeños parásitos parecidos a gusanos que dañan las raíces de muchas verduras. Además, este hongo enriquece el suelo con su presencia, por no hablar de sus cualidades micorrícicas: por ejemplo, en el campo de la filtración de aguas residuales, es el mejor para eliminar la bacteria *Escherichia coli,* cualidad que se puede aprovecharse para depuración de aguas a una escala mucho mayor que el propio jardín. En general, el *Stropharia rugosoannulata* es muy conocido por su potencial en micorrización, ya que es un hongo capaz de degradar una gran cantidad de sustancias contaminantes, como los hidrocarburos aromáticos policíclicos y los metales pesados, lo que lo hace útil en la biorremediación de suelos contaminados, al tiempo que regenera la salud del terreno.

PHANEROCHAETE CHRYSOSPORIUM

HONGO CRUSTÁCEO

Pequeño hongo crustáceo, ejemplar en el campo de la biotecnología medioambiental.

Este hongo es especialmente conocido por su extraordinaria capacidad para degradar la lignina y otros compuestos orgánicos persistentes. El *Phanerochaete chrysosporium* produce un micelio blanco y lanoso, y rara vez desarrolla estructuras fructíferas de forma natural. Suele crecer sobre madera putrefacta, por lo que contribuye al proceso de descomposición y reciclaje de los nutrientes en los ecosistemas forestales. Ha sido profusamente estudiado por sus propiedades enzimáticas, en concreto por la producción de ligninasa y peroxidasa, enzimas clave en la degradación de la lignina. La relevancia del *Phanerochaete chrysosporium* en el campo de la micorrización se debe a su capacidad para mineralizar una amplia gama de compuestos orgánicos complejos y de contaminantes ambientales, como hidrocarburos aromáticos policíclicos, tintes sintéticos, pesticidas y compuestos fenólicos. Esta característica lo hace especialmente valioso en la biorremediación de aguas y suelos contaminados. Además, el *Phanerochaete chrysosporium* ha sido objeto de numerosos estudios por su potencial en las industrias de la celulosa y el papel, en la producción de biocombustibles y otros procesos biotecnológicos, gracias a su capacidad para degradar y transformar la celulosa y otros polisacáridos. Esta capacidad para degradar compuestos orgánicos complejos ofrece soluciones para la gestión de la contaminación y el desarrollo de procesos biotecnológicos sostenibles. La investigación sobre este hongo es tan alentadora que permite imaginar nuevas fronteras en el ámbito de la sostenibilidad industrial.

AMAZON MYCORENEWAL PROJECT

El Proyecto Amazon MycoRenewal es una iniciativa pionera que utiliza hongos para descontaminar zonas devastadas por los yacimientos petrolíferos esquilmados en la selva ecuatoriana. La idea es aprovechar la capacidad de los hongos para degradar los contaminantes y regenerar el suelo.

HONGOS EXTRAÑOS (O QUE HACEN COSAS INCREÍBLES)

Las setas son claramente los organismos más *sui generis* del menú que la naturaleza nos ofrece; sin embargo, algunas de ellas son tan extrañas que merecen un capítulo aparte. ¿Dónde poner, si no, las setas zombis, las que dibujan «corros de brujas», las que se iluminan al atardecer como los fuegos fatuos, las que viven en el espacio o, como ya se dijo, aquellas a las que debemos el pan, la cerveza, el vino y todos los procesos de fermentación?

OPHIOCORDYCEPS UNILATERALIS

HONGO DE LAS HORMIGAS ZOMBIS

Los zombis existen: son hormigas gobernadas por hongos alquimistas. Las especies del género *Ophiocordyceps* también atacan a saltamontes, arañas, escarabajos y langostas. Para manipularlos controlan sus músculos, pero no su cerebro, con lo que dejan a los animales conscientes de su propia condición desesperada.

Los *Ophiocordyceps unilateralis* viven en el cuerpo de las hormigas carpinteras y se apoderan de ellas para dispersar las esporas y completar su propio ciclo de vida. Cuando el hongo las coloniza, las constriñe a trepar a la planta más cercana, en contra de su miedo innato a las alturas. Esta es la «enfermedad de la cumbre». En el momento oportuno, el hongo obliga a la hormiga a apretar sus mandíbulas alrededor de una hoja; es una mordedura letal. El *Ophiocordyceps* impulsa al insecto a apretar las mandíbulas en puntos precisos: siempre orientado hacia el sol y a 25 cm del suelo, donde la temperatura y la humedad son ideales para la fructificación. El micelio pasa a través de las patas del insecto pegándolo a la planta, entonces digiere el cuerpo y hace que brote un tallo de la cabeza. A partir de ahí llueven esporas listas para infectar a las hormigas que se encuentren debajo.

El *Ophiocordyceps* es ahora una prótesis de la hormiga: el 40 % de la biomasa del insecto es ahora hongo. Los investigadores creen que el hongo puede utilizar a las hormigas como gólem gracias a unas sustancias que afectan al sistema nervioso central, cuyas propiedades, sin embargo, siguen siendo desconocidas. Lo que sí se sabe es que el *Ophiocordyceps* es capaz de producir la misma familia de principios activos de la que se deriva el LSD. En la hormiga, de hecho, se activan rasgos del genoma del *Ophiocordyceps* responsables de la síntesis de estos alcaloides, lo que podría jugar un papel importante en la manipulación del insecto.

NEONOTHOPANUS GARDNERI

FLOR DE COCO

En Brasil se llama *flor de coco*, nombre que hace referencia al hábitat preferido de este hongo raro e increíblemente bioluminiscente, al que le encanta proliferar cerca de los tocones de palmeras.

El *Neonothopanus gardneri* es un hongo bastante raro que, sin embargo, sabe cómo llamar la atención. Tiene un sombrero de color pardo-amarillento, con un diámetro que puede alcanzar el de un platillo de café. Su peculiaridad es que se ilumina de noche, tanto en la parte del micelio como en el cuerpo fructífero. Este fascinante fenómeno se debe a una serie de reacciones químicas que producen luz sin emitir calor. La flor de coco crece principalmente en el suelo, a menudo alrededor de palmeras, en los bosques tropicales. Se puede encontrar —aunque no sin dificultad— en Brasil, sobre todo en el Parque Nacional de Chapada dos Veadeiros, pero también se ha observado en otras partes de Sudamérica. Es fácil comprender por qué la bioluminiscencia de la flor de coco ha dado lugar a una serie de mitos y leyendas locales. Su capacidad para iluminar las oscuras noches tropicales no solo añade poesía y misterio al paisaje brasileño, sino que también lleva a los micólogos a preguntarse el porqué y el cómo esto sucede. Lo que se sabe por el momento es que el micelio bioluminiscente del *Neonothopanus gardneri* está regulado por un reloj circadiano que, a su vez, depende de la temperatura. Los científicos que lo han estudiado hipotetizan que, aumentando la bioluminiscencia por la noche, los hongos consiguen atraer mejor a los insectos que esparcen sus esporas.

OMPHALOTUS ILLUDENS

FALSO REBOZUELO LUMINISCENTE

En Estados Unidos se conoce como *Jack-o'lantern* (calabaza de Halloween), nombre que alude su supuesta naturaleza engañosa. De hecho, con su bioluminiscencia, el hongo recordaría a los farolillos que se hacen con calabazas talladas para Halloween.

«Según la Biblia —relata Lawrence Millman en su excelente libro *Fungipedia*—, la llamada zarza ardiente que Moisés vio en el monte Horeb estaba en llamas, pero no se consumía. Esta paradoja sugiere que la zarza podría haber sido en realidad una aglomeración de setas bioluminiscentes que Moisés, cuyo olfato micológico era probablemente nulo, confundió con una zarza». Y quién sabe si la zarza estaba formada por una mata de *Omphalotus illudens*, uno de los hongos luminiscentes más conocidos del mundo, aunque parece que solo tiende a iluminarse en Norteamérica… Por la noche, de hecho, algunos hongos emiten tenues luces verdosas, un centelleo suficientemente fuerte como para que un soldado estadounidense estacionado en Nueva Guinea durante la Segunda Guerra Mundial le dijera a su esposa nada menos que estas palabras: «Querida, te escribo esta carta a la luz de un hongo». Pero ¿cómo consiguen encenderse estos hongos? Por medio de un pigmento llamado luciferina que, al oxidarse por la enzima luciferasa, produce luz. La explicación más extendida entre los micólogos es que esto sirve para atraer a los insectos nocturnos, incitándolos a esparcir las esporas. En el caso del *Omphalotus illudens*, la superficie del sombrero es lisa y el borde grueso y ondulado, y la emisión de los destellos depende de las laminillas. Para encontrar un falso rebozuelo luminiscente hay que moverse sobre todo por las regiones orientales de Norteamérica, aunque también ha habido avistamientos en otras partes del mundo. A pesar de su bioluminiscencia, el *Omphalotus illudens* es conocido por ser muy tóxico, con el agravante de que se parece a setas comestibles, como la *Pleurotus ostreatus*.

MARASMIUS OREADES

SETA DE CORRO DE BRUJAS, SENDERUELA O CARRERILLA

Los corros de brujas se forman cuando un grupo de brujas corre frenéticamente en círculo durante una noche de luna llena y, tras los fosforescentes crujidos y chispas de la actividad nocturna, al amanecer no queda más que un elocuente corro de setas.

De las cerca de sesenta especies que consiguen dibujar estos fascinantes corros, la más famosa y frecuente es sin duda la *Marasmius oreades*, conocida lógicamente como la seta de corro de brujas. Pero ¿cómo se produce esta fascinante magia, es decir, la aparición en un prado de un círculo casi perfecto, formado exclusivamente por setas? Depende del micelio, es decir, del auténtico cuerpo fúngico que, al crecer bajo tierra, tiende a agotar los nutrientes que necesita para fructificar en la porción de suelo en la que se desarrolla. Esto a la larga produce lo que los micólogos llaman 'zona necrótica'. Sin embargo, extendiéndose, el micelio consigue encontrar los nutrientes que necesita y, de este modo, fructifica en los bordes circulares de su extensión, creando un círculo cuyo diámetro según los casos puede expandirse incluso varios decímetros al año. Probablemente al año siguiente, entre las invitadas al *sabbat* nocturno, hay una bruja más. La *Marasmius oreades* tiene un sombrero pequeño, con un diámetro de entre 2 y 5 cm, de un color entre beige y marrón claro, a menudo con un tono más oscuro en el centro. Una característica notable de esta seta es su capacidad para deshidratarse y volverse a hidratar después sin sufrir daños, lo que le permite sobrevivir en épocas de sequía. La seta de corro de brujas puede encontrarse tanto en Eurasia como en Norteamérica y busca prados bien drenados y espacios abiertos. Conviene saber que es un hongo muy apreciado en cocina por su sabor a avellana y su consistencia tenaz.

MITRULA PALUDOSA

MITRA DE LOS PANTANOS
O MITRULA ELEGANTE

Si contemplaras un pantano desde la altura de un hada o un pitufo y lo vieras salpicado de faros, amarillos, delgados y ligeramente fluorescentes, no estarías necesariamente inmerso en las páginas de un libro de fantasía...

Hay algunos hongos que viven en el agua, o muy cerca de ella; dicho de otro modo, todos los hongos necesitan un poco de agua, pero algunos de ellos la necesitan en gran abundancia: son los hongos acuáticos. Normalmente son hongos ascomicetos que prosperan cerca de materia orgánica putrefacta y empapada, en las márgenes de arroyos, acequias y zonas pantanosas. Entre los más fascinantes de todos, no podemos olvidar los hongos del género *Mitrula*, que es bastante extenso y cuyo principal representante es, sin duda, la *Mitrula paludosa*. Estos diminutos hongos tienen un color entre amarillo y naranja y una forma de bastón muy característica. Se alimentan de los tallos y raíces de plantas acuáticas y de hojas en descomposición. Pueden ser ligeramente bioluminiscentes, como sugiere su nombre común en inglés: *swamp beacon*. Su nombre científico, en cambio, hace referencia tanto a la forma de su sombrero (*Mitrula*) —que se asemeja a la de una mitra— como a su hábitat de referencia (*paludosa*), que indica su asociación con pantanos y ciénagas. La *Mitrula paludosa* prospera precisamente en lugares como estos, por lo general emergiendo directamente de aguas poco profundas. Su distribución geográfica es amplia: se puede ver tanto en Europa como en Asia y Norteamérica. Estos fascinantes hongos desempeñan un papel ecológico importante, ya que desencadenan un particular proceso de descomposición por «podredumbre blanda», que se da incluso en condiciones de baja oxigenación.

CLATHRUS RUBER

JAULA ROJA O CLATRO ROJO

¿Has imaginado alguna vez contemplar un dodecaedro rojo sangre y descubrir que no se trata de un símbolo hermético iniciático, sino de una seta?

Bueno, pues así es la cosa. Y no es casualidad que este hongo tan inusual se conozca en algunos países como *hongo farol* —puede parecer la estructura de una refinada lámpara en cuyo centro solo queda insertar una luz— o en otros como *corazón del diablo*, tal vez por su repugnante olor. El cuerpo fructífero, bastante efímero, parece realmente una jaula roja, formada por una estructura de red poliédrica que se mantiene unida gracias a una serie de ramas geométricamente entrelazadas. Crece en grupos o en solitario, a menudo cerca de detritos leñosos, en jardines y suelos cultivados, lo que demuestra que es un organismo saprófito que se alimenta de materia en descomposición. Antes de abrir su volva en forma de saco, el cuerpo fructífero tiene el aspecto de un huevo y puede llegar a medir 6 cm de diámetro. Curiosamente, el verdadero fruto explota fuera del huevo a los pocos minutos, y los restos de la membrana que lo contenía quedan desgarrados en su base; a continuación, se marchita y se derrumba sobre sí mismo al cabo de unas 24 horas; y en pocos días, no queda ni rastro de la fructificación. El color del *Clathrus ruber* varía del rojo al naranja pálido, dependiendo de las condiciones ambientales. Su olor es fuerte, recuerda al de la carne podrida, y se cree que sirve para atraer moscas y otros insectos y que dispersen sus esporas. Aunque por su forma atrae mucho a los humanos, el *Clathrus ruber* no es comestible ni tiene ninguna utilidad destacable. A pesar de ello, se ha introducido en algunas zonas por interés puramente decorativo y, en esta misma línea, también se cultiva a menudo con fines didácticos en las clases de micología.

SACCHAROMYCES CEREVISIAE

LEVADURA DE CERVEZA

Si te ves obligado a levantarte por la mañana para ir a trabajar, no es culpa de los peces que un día salieron del agua y trajeron la vida a tierra firme, sino de la elección humana de asentarse en un lugar para cultivar el trigo, plantado porque hay un hongo que hace subir la harina.

Por muy desconocido que sea, existe un hongo que sustenta la estructura misma de nuestras civilizaciones: se trata del *Saccharomyces cerevisiae*, o levadura de cerveza, utilizado desde la Antigüedad para la producción de pan, vino y, obviamente, cerveza. El *Saccharomyces cerevisiae* es un hongo unicelular que se reproduce por gemación. A este tipo de hongos se los conoce comúnmente como levaduras, indispensables para la fabricación del pan y la fermentación alcohólica. La levadura de cerveza, gracias a su enorme difusión, también ha demostrado ser un organismo modelo para la investigación científica. En la naturaleza, las células de levadura se encuentran sobre todo en frutas maduras como las uvas, aunque en realidad se pueden hallar en cualquier parte, desde en la madera de roble hasta en nuestro propio cuerpo. Al no poder dispersarse con el viento, el *Saccharomyces cerevisiae* necesita un vector para desplazarse, como las avispas. Durante la fermentación, el *Saccharomyces cerevisiae* convierte la glucosa en etanol y en dióxido de carbono, dos procesos cruciales para la elaboración del pan y la producción de bebidas alcohólicas. Además, estas células de levadura también intervienen en la fermentación de otros alimentos, como por ejemplo el tapai, una pasta agridulce de arroz fermentado típica del este y sureste de Asia. A lo largo de la historia, los panaderos obtenían la levadura de los cerveceros, lo que daba lugar a panes fermentados que carecían de acidez. Con el tiempo, los cerveceros fueron gradualmente cambiando la levadura de fermentación alta (*Saccharomyces cerevisiae*) por la de fermentación baja (*Saccharomyces pastorianus*).

PHALLUS IMPUDICUS

FALO HEDIONDO

Al menos, es fácil reconocerlo.

El *Phallus impudicus* es un hongo cuyo nombre en latín deja poco lugar a la imaginación: 'pene impúdico'. La identificación en este caso es bastante sencilla: se trata de un hongo erguido que surge de un huevo subterráneo con un pie blanco coronado por un sombrero marrón o verdoso (la gleba, en este caso cubierta de mucosidad y parecidísima a un glande), en cuyo ápice hay un pequeño agujero. Al igual que los demás hongos del orden *Phallales*, el *Phallus impudicus* es fácil de identificar también por su hedor nauseabundo que recuerda al de la carne en descomposición. Útil, como siempre en estos casos, para atraer a las moscas con el fin de dispersar las esporas. Hecha esta breve descripción, merece la pena repasar algunas anécdotas inevitables. Después de ver un ejemplar, el filósofo Henry David Thoreau anotó en su diario: «Me pregunto en qué estaría pensando la naturaleza cuando lo creó. Se ha rebajado a la altura de aquellos que los dibujan en los retretes». También parece que la hija de Charles Darwin, Etty, recogió todos los *Phallus impudicus* que encontró cerca de su finca y los quemó, temiendo que incluso su sola visión minara las virtudes morales de sus empleadas domésticas. Por la zona de la meseta de Ozark, en Estados Unidos, las adolescentes solían bailar desnudas alrededor de ejemplares de *Phallus impudicus* en un intento de atraer a novios viriles. La etnia de los iban de Sarawak, en Malasia, ve en el hongo el pene de un guerrero enemigo caído en batalla, y se mantiene alejada de él (no sea que le dé por vengarse). Y por último, en diversas partes de África, se unta a las mujeres jóvenes con la gleba del *Phallus impudicus* para hacerlas fértiles.

CIRCINARIA GYROSA

LIQUEN (QUE SOBREVIVE EN EL ESPACIO)

Quizá no todo el mundo sabe que los líquenes más resistentes son capaces de recuperar todo su irresistible brío incluso después de largas y agotadoras salidas espaciales…

… y que son hongos, quizá esto la gente tampoco lo sabe: los líquenes son hongos. Y si es cierto que sobreviven en el espacio, la teoría de la panspermia, es decir, la idea de que la vida se propaga por el espacio viajando a bordo de cometas, puede tener algún sentido. No lo sé, pero no divaguemos. Concentrémonos en lo que es capaz de hacer el liquen más resistente de todos, la *Circinaria gyrosa*. Su capacidad de supervivencia es tal que recientemente se la ha sometido a verdaderos bombardeos de radiación —más intensos que los que recibiría en el espacio— solo para probar sus límites. Obviamente, en un momento dado la pobre *Circinaria gyrosa* también muere, pero la cantidad de radiación necesaria para matarla es increíble. Ejemplares de este liquen expuestos a una dosis doce mil veces superior a la letal para el ser humano lo dejan indiferente. Supera fácilmente incluso a los tardígrados, que a su vez son extremadamente resistentes. En resumen, sobreviviría incluso en Marte. De hecho, la idea de los experimentos era probar en tiempo real su capacidad potencial para sobrevivir en el Planeta Rojo; pero al cabo de una hora de «vida en Marte», se descubrió lo que se podía intuir incluso desde aquí abajo: la prueba debió de ser realizada un sábado por la noche, el único momento en el que en Marte hay un poco de animación. Después, calma total; de hecho, al cabo de una hora los líquenes habían reducido su actividad fotosintética casi a cero. Durante todo el tiempo que pasaron en el simulador permanecieron en estado de quiescencia, y no reanudaron su actividad normal hasta treinta días después, una vez rehidratados.

ASPERGILLUS ORYZAE

KOJI

Conocido en Japón como *koji*, este moho es uno de los hongos más utilizados e importantes del mundo, al menos gastronómicamente hablando, y a él debemos varias de las delicias más famosas que se sirven en Extremo Oriente.

El *Aspergillus oryzae* es el moho filamentoso que pone en marcha un proceso de fermentación que transforma ingredientes sencillos —como arroz, soja, cebada y patatas— en productos ricos en aromas y capas sensoriales. Mencionado por primera vez en el *Zhouli* chino (el *Libro de los Ritos* de la dinastía Zhou), el uso del *koji* ha sido desde entonces un imprescindible en las cocinas de Extremo Oriente. Se podría decir que este es, después de todo, el secreto de su carácter distintivo. Desde hace siglos el *koji* se usa en la fermentación del arroz para hacer el *sake*, el «buque insignia» de las bebidas alcohólicas japonesas. La capacidad del *koji* para sacarificar los granos también lo hace perfecto para la creación del *shōchū*, otra popular bebida alcohólica que cuenta con una amplísima gama de sabores, desde los más dulces y delicados hasta los de aroma más complejo. Pero la magia del *Aspergillus oryzae* no se limita a la creación de bebidas: también es fundamental en la producción de la salsa de soja, uno de los condimentos más utilizados en el mundo, así como del *miso*, un tipo de pasta de soja fermentada que constituye la base de muchos platos tradicionales japoneses. Desde el punto de vista químico, el proceso comienza con la transformación del *koji* en amilasa y proteasa, enzimas que descomponen los almidones y las proteínas, liberando azúcares y aminoácidos que dan a los productos fermentados su sabor inconfundible. Lo que hace que el *koji* sea perfecto para usos alimentarios es precisamente su capacidad para desencadenar la fermentación sin producir toxinas. El *Aspergillus oryzae* también ha demostrado ser un recurso valioso en el campo de la biotecnología.

WOOD WIDE WEB

Mucha gente no conoce la red de hifas que conecta las plantas del mundo. Es la *Wood Wide Web*, la trama subterránea de hongos micorrícicos que permite el intercambio de nutrientes e información, ayudando a las plantas a mejorar su resistencia al estrés y las enfermedades. ¿Qué ganan los hongos con ello? Muy sencillo: la salud de los ecosistemas es también su salud.

REGISTRO FOTOGRÁFICO

SETAS EXQUISITAS

BOLETUS, CALABAZA U HONGO BLANCO

HUEVO DE REY U ORONJA

MATSUTAKE

TRUFA BLANCA

MOLINERA, CHIVATA O MOJARDÓN

MAITAKE O GALLINA DE LOS BOSQUES

LENGUA O HÍGADO DE BUEY

TROMPETA DE LOS MUERTOS

SETA DE SAN JORGE O PERRETXICO

BOLETO ANARANJADO DEL CHOPO O DEL ABEDUL

PARASOL

CARBÓN DEL MAÍZ

SETAS ALUCINÓGENAS

MATAMOSCAS, FALSA ORONJA O SETAS DE LOS ENANITOS

SETAS MÁGICAS

CORNEZUELO DEL CENTENO O ERGOT

HONGO DE LA RISA

CORTACÉSPED O SETA DEL HENO MARRÓN

PLÚTEO O ESCUDO DEL SAUCE

FIBERCAP VERDOSO

CABEZA DE CONO

PANTERA O FALSO GALIPIERNO

SETAS VENENOSAS

CICUTA VERDE U ORONJA MORTAL

HONGO DE LA FIEBRE DEL VALLE

CICUTA BLANCA U ORONJA BLANCA MORTAL

SETA DEL OLIVO

BOLETUS SATANÁS

BONETE O FALSA COLMENILLA

CORTINARIO DE MONTAÑA

ESCLERODERMA AMARILLA

GALERINA REBORDEADA

SETAS MEDICINALES

HONGO DE LA ALMENDRA O CHAMPIÑÓN DEL SOL

MESHIMAKOBU O SONG GEN

CHAGA O NARIZ DE CARBÓN

REBOZUELO

HONGO DE LA PROCESIONARIA

BARBA DE CABRA O MELENA DE LEÓN

PIPA O REISHI

BUNA-SHIMEJI

HONGO DEL ALERCE O AGÁRICO BLANCO

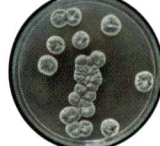

PENICILLIUM

MICORRIZACIÓN

SETA DE OSTRA O CONCHA

BARBUDA, CHIPIRÓN DE MONTE O MATACANDIL

OSTRA DEL OLMO

OSTRA INDIA

SETA DE CARDO

SHIITAKE O SETA CHINA

COLA DE PAVO O YESQUERO MULTICOLOR

CHAMPIÑÓN COMÚN O DE PARÍS

STROPHARIA REY O BRUJA MARRÓN GRANDE

HONGO CRUSTÁCEO

HONGOS EXTRAÑOS (O QUE HACEN COSAS INCREÍBLES)

HONGO DE LAS HORMIGAS ZOMBIS

FLOR DE COCO

FALSO REBOZUELO LUMINISCENTE

SENDERUELA O SETA DE CORRO DE BRUJAS

MITRA DE LOS PANTANOS O MITRA ELEGANTE

JAULA ROJA O CLATRO ROJO

LEVADURA DE CERVEZA

FALO HEDIONDO

LIQUEN

KOJI

FEDERICO DI VITA

Nació en Roma, vive en la Toscana y escribe sobre comida, psicodelia y cultura en varias revistas.
Es autor de varios libros y editor del libro colectivo *La apuesta psicodélica* (*La scommessa psichedelica* - Quodlibet, 2020). Desde enero de 2021 presenta *Psychedelic Enlightenment,* un podcast dedicado íntegramente a la psicodelia.

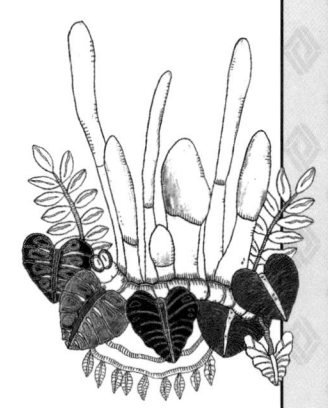

FLORENCIA DÍAZ

Nacida en Ushuaia, Tierra de Fuego (Argentina). Tras formarse como profesora de Artes Plásticas en la Facultad de Bellas Artes de la Universidad Nacional de La Plata (Buenos Aires), emprende un viaje sin retorno fuera de su país. Hoy se encuentra en Costa Rica, donde dibuja sin parar para su proyecto de ilustración ecológica *Resistencia Natural*, y se dedica al estudio de los hongos como elementos mágicos y determinantes de cualquier ecosistema.